Für Pferde **umBauen**

Für Pferde
umBauen

von Birgit van Damsen
und Romo Schmidt

CADMOS

Haftungsausschluss:
Autoren und Verlag haben den Inhalt dieses Buches mit großer Sorgfalt und nach bestem Wissen und Gewissen zusammengestellt. Für eventuelle Schäden an Mensch und Tier, die als Folge von Handlungen und/oder gefassten Beschlüssen aufgrund der gegebenen Informationen entstehen, kann dennoch keine Haftung übernommen werden.

CADMOS im CADMOS Verlag

Gestaltung: www.ravenstein2.de
Fotos: Birgit van Damsen
Zeichnungen: Romo Schmidt
Druck und Bindung: Druck KN Digital Printforce GmbH,
Ferdinand-Jühlke-Straße 7, D-99095 Erfurt, Germany

Deutsche Nationalbibliothek – CIP-Einheitsaufnahme
Die Deutsche Nationalbibliothek verzeichnet diese Publikation in der Deutschen Nationalbibliografie; detaillierte bibliografische Daten sind im Internet über http://dnb.ddb.de abrufbar.

ISBN 978-3-8404-0038-4, Hardcover, Inhalt farbig
ISBN 978-3-8404-0037-7, Broschur, Inhalt farbig
ISBN 978-3-8404-0036-0, Broschur, Inhalt s/w

INHALT

Mehr LEBENSQUALITÄT für Pferde

Wissenschaftliche Erkenntnisse auf den Gebieten der Verhaltensforschung und Tierhaltung haben maßgeblich dazu beigetragen, dass sich die Haltungsbedingungen von Pferden im letzten Jahrzehnt tendenziell positiv entwickelt haben. So hat bislang immerhin die Hälfte der bundesdeutschen Länder die extrem pferdefeindliche Ständerhaltung untersagt. Längst gibt es offizielle Richtlinien, die die Abstimmung von Haltung und natürlichen Lebensvorgängen der Pferde propagieren. Reitställe und Pensionsbetriebe stellen sich dem Urteil von Fachinspekteuren, die Stallanlagen nach bestimmten tierschutzrelevanten Kriterien bewerten und in Kategorien einstufen. Erhalten die Einrichtungen eines Betriebes eine Art Güteplakette, erhöhen sich die Chancen auf mehr Einsteller. Denn auch der Pferdehalter von heute ist kritischer und anspruchsvoller geworden, wenn es um die artgerechte Unterbringung seines Vierbeiners geht. Waren es früher fast ausschließlich robuste Kleinpferde, so sieht man heute vermehrt auch hochblütigere Reit- und Sportpferde auf Koppeln und Ausläufen. Selbst hochkarätige Turnierreiter haben sich inzwischen davon überzeugen können, dass ihre im Wettkampf eingesetzten Pferde durch regelmäßigen Freilauf oder Weidegang nicht faul und träge werden, sondern motivierter und leistungsbereiter, weil sie gesünder und zufriedener sind.

Trotz der Fortschritte in der Pferdehaltung müssen aber noch immer unzählige Pferde ihr Leben in kleinen dunklen Gitterboxen ohne ausreichenden Sozialkontakt und Freilauf fristen. Schuld an diesen eklatanten Haltungsfehlern sind nach wie vor mangelnde Kenntnisse über die Grundbedürfnisse und arteigenen Verhaltensweisen des Pferdes. Hinzu kommen nicht selten fehlendes Einfühlungsvermögen in die Pferdepsyche, meist unbegründete Ängste über vermeintliche Risiken und manchmal auch pure Bequemlichkeit.

Leider immer noch Realität für viele Pferde: Kleine, dunkle Gitterboxen mit wenig Licht, Luft und Sozialkontakt

Und da, wo Wissen, Willen und Engagement für eine Verbesserung der Haltungsbedingungen vorhanden sind, hapert es oftmals an guten Ideen und realisierbaren Konzepten, scheitert am Widerstand des Stalleigners oder man scheut den zu erwartenden enormen Arbeitsaufwand und die vermeintlich hohen Kosten. Dabei können schon kleine Veränderungen, die weder aufwendig noch teuer

Innenboxen lassen sich in den meisten Fällen ohne großen Aufwand zu artgerechten Paddockboxen umbauen.

sind, die Lebensqualität der Pferde um ein Vielfaches erhöhen: Mithilfe mobiler Zaunsysteme können zum Beispiel Reitplätze in der reitfreien Zeit preiswert und mit wenigen Handgriffen zu Gemeinschaftsausläufen werden. Ungenutzte Flächen auf dem Hofgelände eignen sich nach ihrer Entrümpelung und Einfriedung oftmals als Paddocks. Leer stehende Scheunen oder Schuppen sind nach ihrer Entkernung ideale Weideunterstände oder lassen sich leicht zum Laufstall umgestalten. Es gibt eigentlich immer Möglichkeiten, die Lebensumstände der Pferde zu verbessern.

Da, wo aber jegliche Veränderungsvorschläge auf taube Ohren stoßen, geschweige denn mitgetragen und mitfinanziert werden, sollte man sich nach einer anderen Unterkunft für sein Pferd umsehen – auch wenn man dann vielleicht weiter fahren oder mehr bezahlen muss. Manchmal hilft es jedoch schon, wenn sich möglichst viele Einsteller zusammen tun und mit einem kollektiven Auszug drohen. Aus Furcht vor wirtschaftlichen Einbußen ist der Stalleigner dann gezwungen umzudenken und schließlich bereit, seine Anlage pferdegerechter umzubauen.

Sachkundenachweis Pferdehaltung

Im Jahr 2000 wurde in die Ausbildungs- und Prüfungsordnung (APO) der Deutschen Reiterlichen Vereinigung (FN) der so genannte Sachkundenachweis aufgenommen. Gelehrt und geprüft werden grundlegende Kenntnisse und Fähigkeiten des Pferdehalters im Umgang, in der Haltung und in der Pflege der Tiere mit dem Ziel, das Wissen im Bereich der Pferdehaltung zu verbessern. Prüfungsfächer sind: Pferdeverhalten, Umgang, Fütterung, Ställe, Nebenräume und Bewegungsflächen, Arbeitswirtschaft, Pferdegesundheit und Hygiene, rechtliche Grundlagen sowie Betriebsführung und Organisation. Der Gesetzgeber fordert den Sachkundenachweis derzeit aber nur von gewerblichen Pferdehaltern wie zum Beispiel Pensionsstallbetreibern.

In den eigenen Stall oder die gepachtete Anlage ist der Pferdehalter schon eher geneigt, Zeit, Arbeit und Geld zu investieren, als in einen Mietstall. Doch sucht man auch hier meist nach kostengünstigen Alternativen beispielsweise einen Matschpaddock trocken zu legen, einen langlebigen Weidezaun zu errichten oder einen ehemaligen Kuhstall in einen artgemäßen Offenstall umzufunktionieren.

Dieses Handbuch möchte dem Pferdehalter Hilfestellung geben, individuelle Lösungen für sein Bau- oder Umgestaltungsvorhaben zu finden. Um eine weitgehend artgerechte Unterbringung zu ermöglichen, müssen zunächst die Bedürfnisse der

Pferde und ihre Ansprüche an die Haltung geklärt werden. Ein Überblick verschiedener Stallsysteme soll helfen, die passende Haltungsform für die unterschiedlichen Nutzungsarten der Pferde zu bestimmen. Auf der Basis dieser Erkenntnisse sollen Varianten sowohl von Neubauten als auch von Umbauten bereits bestehender Stallungen beziehungsweise Gebäude von der Bauplanung über Bauweisen bis hin zu Baustoffen, sinnvollen, verletzungssicheren Stalleinrichtungen und praktischem Zubehör aufgezeigt werden. Dabei werden zum einen umsetzbare Eigenbauten und zum anderen notwendige Fremdleistungen sowie diverse Fertigbauten beziehungsweise -bauteile und mobile Alternativen berücksichtigt. Auch die Errichtung so genannter Nebenbauwerke wie zum Beispiel Futterlager, Sattelkammer und Dungstätten kommt zur Sprache.

Das Anlegen oder die Instandsetzung vegetationsloser Flächen ist ein weiteres wichtiges Kapitel. Verschiedene Bodenbeläge und Möglichkeiten des Bodenaufbaus von Reitplätzen, Roundpens und Ausläufen sowie die Befestigungsalternativen von Kleinstflächen werden genauso vorgestellt wie mögliche Formen einer stabilen und pferdegerechten Einfriedung von Weiden und anderen Laufflächen.

Nicht zuletzt spielen baurechtliche Aspekte bei allen Bauvorhaben und baulichen Veränderungen eine wichtige, wenn nicht gar entscheidende Rolle. Alle maßgebenden Vorschriften, Einschränkungen und Auflagen werden darum gut verständlich zusammengefasst.

Anschauliche Zeichnungen, Auf- und Grundrisse sowie Grafiken ergänzen die Texte. Übersichtliche Tabellen geben Aufschluss über Materialien, Kosten und andere wichtige Details und zahlreiche Infokästen enthalten Zusatztipps zu Haltungs- und Baufragen.

Im Rahmen dieses Buches können allerdings nicht alle Maßnahmen zum Bau und Umbau bis ins Detail geklärt werden. Der Schwerpunkt liegt daher auf wesentlichen Vorgehensweisen, um die üblichen Fehler beim Bauen beziehungsweise Umgestalten von Stallanlagen und Flächen vermeiden zu helfen.

Verhalten und Haltung im EINKLANG

Den ursprünglichen Lebensraum der freien Wildbahn können wir unseren Hauspferden sicherlich nicht bieten. Insofern ist die Forderung nach einer naturidentischen artgerechten Haltung immer nur bedingt zu verwirklichen. Aus den durch die Evolution und in der Domestikation weitgehend erhalten gebliebenen naturgegebenen Eigenschaften des Pferdes lassen sich jedoch grundlegende Ansprüche an seine Haltung ableiten.

Die folgenden vier Grundbedürfnisse des Pferdes sollte jede Haltungsform berücksichtigen:

- Licht- und Luftbedürfnis
- Bewegungsbedürfnis
- Bedürfnis nach Artgenossen und
- Bedürfnis nach regelmäßiger Nahrungsaufnahme.

Das Pferd hat als Steppentier ein außerordentlich hohes Bedürfnis an Licht und frischer Luft. Dunkle Verliese, in denen man selbst am Tag das Licht anschalten muss, machen Pferde auf Dauer krank. So kann Lichtmangel zu Blutarmut, Fruchtbarkeits- und Stoffwechselstörungen und im Extremfall sogar zur Erblindung führen. Insbesondere Fohlen und Jungpferde können Wachstumsstörungen und Skelettschäden durch fehlendes Sonnenlicht davontragen. Denn durch die ultravioletten Strahlen der Sonne wird in der Haut das 7-Dehydrocholesterin in Vitamin D 3 umgewandelt, das vor allem das Kalzium/Phosphor-Verhältnis regelt und damit für die Knochenbildung und -erhaltung zuständig ist. Vitamin D kann vom Körper aber nur in ausreichendem Maße produziert werden, wenn das Pferd mindestens vier bis sechs Stunden Tageslicht im Freien erhält. Als Richtmaß für den Lichtbedarf des Pferdes im Innenstall gilt, dass die Lichtfläche in der Wand oder Decke mindestens ein Fünfzehntel der Stallgrundfläche betragen soll, also etwa einen Quadratmeter pro Pferd.

Im Durchschnitt benötigt ein Pferd rund 5000 Kubikmeter Frischluft am Tag. Diese Frischluftmenge entspricht dem Raumvolumen einer Reithalle mit den Abmessungen 20 mal 40 mal sechs Meter! Dieser Vergleich macht deutlich, dass ungenügend gelüftete Innenställe die Gesundheit des Pferdes negativ beeinflussen. Durch mangelnde Stallhygiene mit hoher Schadgas- und Staubentwicklung kann es außerdem zu chronischen Erkrankungen der Atemwege kommen. Feuchtwarmes Stallklima führt zudem zu einer parasitären und bakteriellen Mehrbelastung. Das Pferd ist deshalb auf eine ständige Frischluftzufuhr angewiesen. Die weit verbreitete Angst vor Zugluft im Winter ist meist unbegründet. Denn eine gleich-

Einfache Außenboxen bieten bereits ausreichend Licht und Frischluft.

mäßige kalte Luftströmung, die den Pferdekörper ganzflächig trifft, hat nichts mit Zugluft zu tun! Diese entsteht nur, wenn in einem verglichen mit der Außentemperatur viel wärmeren Stall feuchtkalte Luft punktuell auf das Pferd trifft. Darum sollten die Stalltemperaturen möglichst den täglich und jahreszeitlich wechselnden Umgebungstemperaturen folgen und nur Extremwerte unter minus 15 Grad Celsius oder über plus 30 Grad Celsius vermieden werden. Aufgrund seines ausgeprägten thermoregulatorischen Vermögens von Unterhaut und Fell kann das Pferd in der Regel auch größere Temperaturschwankungen problemlos ausgleichen. Ausnahmen bilden hier natürlich kranke, verschwitzte oder geschorene Pferde sowie hagere Tiere mit wenig Unterhaut, die durch eine entsprechende zeitweilige Eindeckung vor Unterkühlung geschützt werden müssen. Vor Witterungsextremen wie plötzlichen Temperaturstürzen, Stürmen, Dauerregen oder größerer Sommerhitze müssen aber auch gesunde Pferde mittels passender Unterstellmöglichkeiten bewahrt werden.

Ausreichende Bewegungsmöglichkeiten bieten Koppeln und Ausläufe.

Als Lauf- und Fluchttier besitzt das Pferd einen enormen Bewegungsdrang. In Freiheit lebende Pferde laufen täglich zwischen 15 und 20 Kilometer, wobei sie sich meist langsam aber stetig auf der Suche nach Nahrung fortbewegen. Unterbrochen wird dieses Herumwandern von kurzen, aber wiederholten Ruhephasen, Fluchtsprints, Rangordnungsrangeleien, Spielen der Jungtiere sowie Sozialkontakten und Körperpflege. Dauerhafter Bewegungsmangel, vor allem aber die extreme Bewegungseinschränkung durch beengte Innenräume führt unweigerlich zu physischen und psychischen Schäden der Pferde. Langes Stehen in der Box mit einem einstündigen, intensiven Bewegungstraining am Tag ausgleichen zu wollen ist artwidrig. Die Folgen sind nicht selten vorzeitiger Verschleiß, chronische Erkrankungen oder Verletzungen des Bewegungsapparates sowie so genannte „Temperamentsausbrüche“ wie Durchgehen, Steigen und Bocken.

Auch ein Reit- oder Fahrpferd muss also zumindest für einige Stunden und möglichst täglich Gelegenheit haben, sich frei zu bewegen und so elementaren Bedürfnissen wie zum Beispiel dem Wälzen nachgehen zu können. Übrigens entpflichtet auch ein Kleinstauslauf vor der Box den Pferdehalter nicht von diesem natürlichen Bewegungsausgleich.

Einzelboxen müssen außerdem so bemessen sein, dass das Pferd sich ungehindert umdrehen sowie gefahrlos hinlegen und aufstehen kann. Als Mindestmaß gilt hier die doppelte Widerristhöhe zum Quadrat. Die Mindestfläche je Pferd in einem Offenstall wird nach der Formel Widerristhöhe mal Widerristhöhe mal drei berechnet. In geschlossenen Haltungssystemen wie Gemeinschaftsboxen oder Einraum-Laufställen muss allerdings das Platzangebot so großzügig sein, dass auch rangniedrige Pferde genügend Abstand zum Artgenossen einhalten können und stressfrei ruhen können. Hier gelten dieselben Mindestmaße wie für Einzelboxen pro Pferd. Auch auf gemeinschaftlichen Ausläufen sollten ausreichende Ausweichmöglichkeiten für Rangniedrige vorhanden sein.

Die Größe von Stall oder Lauffläche sollte sich aber nicht nur an der Widerristhöhe der Pferde orientieren, sondern auch an Rasse, Alter, Temperament und Geschlecht. So haben Südpferde wie Warm- und Vollblut erfahrungsgemäß eine größere Bewegungsaktivität und Individualdistanz als Nordpferde wie zum Beispiel Isländer. Junge Pferde brauchen mehr Raum als erwachsene oder ältere Tiere und Zuchtpferde mehr als Reitpferde.

Das Pferd ist ein Herdentier und hat ein ausgeprägtes Bedürfnis nach Körperkontakt zu Artgenossen. Nur durch den Schutz der Herde war ein Überleben in der Steppe überhaupt möglich. Sonst wäre das Pferd in den Ruhephasen unweigerlich zur Beute von Raubtieren geworden. Neben der ständigen Fluchtbereitschaft und den exzellent ausgebildeten Sinnesorganen war der Herdentrieb für das Pferd deshalb lebenswichtig. Daran hat auch die Haustierwerdung nichts geändert. Selbst wenn alle anderen Haltungsbedingungen ideal sind und das Pferd sich noch so sehr dem Menschen angeschlossen hat, wird sich ein einzeln gehaltenes Pferd niemals völlig sicher fühlen und zum Beispiel entspannt schlafen können. Ein artfremdes Beistelltier kann zwar Einsamkeit mindern, den Artgenossen jedoch nicht ersetzen.

Es kann daher nicht oft genug betont werden, dass Einzelhaltung ohne jeglichen Kontakt zu Artgenossen das Schlimmste ist, was man einem Pferd antun kann! Neben der Schutzfunktion bietet die Gesellschaft von Artgenossen dem Pferd eine Reihe von Beschäftigungsmöglichkeiten wie soziale Fellpflege sowie Spiel- und Laufanreize. Fehlen Gesellschaftspferde und Außenreize zum Beispiel in einer geschlossenen, zugebretterten Box, kommt es durch Vereinsamung und Langeweile meist zu Verhaltenstörungen wie Koppen und Weben. Dort, wo keine Gruppenhaltung möglich ist, sollte man zumindest stundenweise für Gesellschaft auf einer gemeinsamen Weide oder dem Auslauf sorgen. Sicht-, Hör- und Schnupperkontakt über Trennwände und Zäune sollten zudem immer bestehen.

Schließlich ist das Pferd ein Dauerfresser. In der Steppenlandschaft mit ihrem kargen, aber ballastreichen Futterangebot war es täglich bis zu 16 Stunden mit der Futteraufnahme beschäftigt. Dabei bewegte es sich ständig grasend fort, was einen reibungslosen Verdauungsvorgang sicherte. Das gesamte Verdauungssystem des Pferdes mit kleinem Magen und langem Darm ist auf eine mög-

Körperlicher Kontakt ist ein Grundbedürfnis von Pferden.

Pferde benötigen mehrmals am Tag kleine Mengen Raufutter.

lichst kontinuierliche Aufnahme geringer Mengen rohfaserhaltigen Futters ausgerichtet.

Zu große Kraftfuttermengen, zu wenig Raufutter, Bewegungsmangel oder zu lange Futterpausen können darum erhebliche Störungen im Magen-Darm-System auslösen. Die Tagesfuttermenge sollte deshalb auf möglichst viele kleine Rationen aufgeteilt werden, das heißt mindestens drei, besser jedoch fünf bis sechs. Um sich satt zu fühlen, muss das Pferd mindestens sechs bis acht Stunden täglich kauen können. Damit die Verdauung störungsfrei funktioniert, muss das Pferd wenigstens ein

Kilo Raufutter pro hundert Kilo Lebendgewicht am Tag zu sich nehmen. Die Zeitspanne zwischen den einzelnen Fütterungen darf nie mehr als sechs bis acht Stunden betragen. Außerdem sollte für ausreichend Bewegung gesorgt und die Wasseraufnahme möglichst immer gewährleistet sein. In der Gruppenhaltung muss man beim Füttern zudem die Rangordnung beachten und Futterneid vermeiden. Zur Kraftfuttergabe haben sich in der Praxis stabile Fressstände bewährt, für das Raufutter eignen sich Rundraufen oder Fressgitter.

In der Tabelle 1 sind alle Mindestanforderungen der Pferde an ihre Haltungsbedingungen übersichtlich zusammengefasst.

Tabelle 1:
Mindestmaße- und -mengen, Grenz- und Richtwerte in der Pferdehaltung

Licht, Luft, Schadstoffe	Licht im Stall	mind. 1/15 der Stallfläche; keine ausschließliche Stallhaltung
	Lufttemperatur	- 15° bis + 30° C
	Luftfeuchtigkeit	60-80 %
	Luftgeschwindigkeit	0,2 m/sec; Winter: mind. 0,1 m/sec; Sommer max. 0,6 m/sec
	CO2-Gehalt	weniger als 0,15 VOL %; Grenzwert bei 0,25 VOL %
	NH3-Gehalt	kleiner als 0,0001 %; Grenzwert bei 0,0002 %
	Feinstaubgehalt	max. 4 mg/cbm Luft
	Luftkeimgehalt	max. 4 x 105 – KBE/cbm (nach Zeitler-Feicht)
Flächenbedarf	Einzelbox; Einraumlaufstall	mind. Widerristhöhe * 2 zum Quadrat
	Gruppenauslaufhaltung	mind. Widerristhöhe x 2 x 3
	Einzelpaddock	mind. 50 qm pro mittelgroßes Pferd
	Gruppenauslauf	50-200 qm pro mittelgroßes Pferd
	Sozialkontakt	mind. Sicht-, Hör-, Schnupperkontakt; keine ausschließliche Einzelhaltung!
Fütterung	Rationen-Anzahl	mindestens 3; ideal 5 – 6
	Kauzeit	mindestens 6-8 Stunden
	Raufutteranteil (Heu)	mindestens 1 kg pro 100 kg Körpergewicht
	Futterpausen	maximal 6-8 Stunden

STALLSYSTEME und HALTUNGSFORMEN

Für die Bezeichnung der verschiedenen Haltungs- und Stallsysteme existieren keine eindeutigen und allgemein gültigen Definitionen. Einzig die Laufstall-Arbeits-Gemeinschaft (LAG) hat mit ihren Stall-Zeichen offizielle Symbole entworfen, an denen man sich orientieren kann.

LAG-Stall-Zeichen

Folgt man dieser Schematik, wird grundsätzlich zwischen Einzel- und Gruppenhaltung unterschieden.

Zur Einzelhaltung gehört die Innenbox mit Oberlicht oder vergittertem, kippbarem Fenster. Lässt dieses Fenster sich ganz öffnen, sodass das Pferd zeitweise oder dauerhaft seinen Kopf hinausstrecken kann, spricht man von einer Außenbox. Besitzt diese Außenbox einen Ausgang nach draußen mit angrenzendem Einzelpaddock, hat man eine Außenbox mit Auslauf, die auch als Paddockbox bezeichnet wird. Ist der Auslauf für das Pferd jederzeit begehbar und wird das Pferd durch die Trennung von Liege- und Fressbereich beziehungsweise von Futtertrog und Tränke zum Pen-

Einzelhaltung

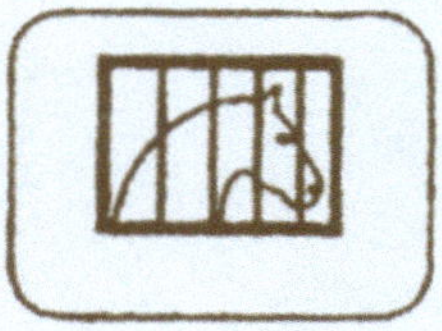

Innenbox

Außenbox

Außenbox mit Auslauf

Laufbox
Futter/Tränke außen

Laufbox
Futter innen
Tränke außen

Bewegungsbox

Gruppenhaltung

Innenbucht-Stall

Offenstall

Laufstall
Futter innen
Tränke außen

Laufstall
Futter/Tränke außen

Bewegungsstall

Laufstall ohne Auslauf
mit Weide/Wald
ganzjährig

deln animiert, nennt man das Laufbox. Als Bewegungsbox wird schließlich eine Laufbox bezeichnet, in der mittels Futterautomaten das Kraftfutter portionsweise über den ganzen Tag verteilt zugewiesen wird, wodurch das Pferd ständig in Bewegung bleibt.

Zur Gruppenhaltung gehören alle Stallsysteme, in denen zwei oder mehr Pferde auf Dauer zusammenleben. Der so genannte Innenbucht-Stall ist eine andere Bezeichnung für große Gemeinschaftsboxen ohne Auslauf. Hat dieser Stall einen angrenzenden Auslauf und können die Pferde ungehindert zwischen Stall und Auslauf wählen, ist das ein Offenstall. Analog zur Laufbox wird der Offenstall durch getrennte Fress- und Ruhebereiche zum Laufstall. Werden die Bewegungsanreize mittels einer computergesteuerten Futterstation noch gesteigert, befinden sich die Pferde in einem Bewegungsstall. Alle offenen und gemeinschaftlichen Stallsysteme, also Offenstall, Laufstall mit Auslauf und Bewegungsstall werden auch unter dem Sammelbegriff Gruppenauslaufhaltung geführt.

Neben der oben genannten Definition des Laufstalls gibt es noch den so genannten Einraum-Laufstall ohne ständigen Zugang zum Auslauf. Dieser Typ von hallenartigen Laufställen findet sich zum Beispiel auf großen Gestüten, in denen Mutterstuten- und Jungpferdeherden gehalten werden und der ganzjährige Weidegang von Menschen geregelt wird.

Darüber hinaus existieren noch Oberbegriffe wie Warm- und Kaltstall, Stall-, Halbrobust- und Vollrobusthaltung. Unter Warmstall oder reiner Stallhaltung versteht man alle überwiegend geschlossenen Haltungssysteme. Zur Halbrobusthaltung beziehungsweise Kaltstall zählen alle permanent offenen Stallformen, und mit Vollrobusthaltung ist die ganzjährige Freilandhaltung auf Weiden mit Unterstellmöglichkeit gegen Wetterextreme sowie Insektenplage gemeint.

Neben den oben beschriebenen Haltungsformen und Stallsystemen ergeben sich in der Praxis zahl-

Einraum-Laufställe sind besonders für Jungpferde geeignet.

reiche Varianten, Mischformen und Kombinationsmöglichkeiten. So kann man zum Beispiel in einen Lauf- oder Offenstall eine Notbox einrichten, um kranke, verletzte oder verschwitzte Pferde kurzfristig zu separieren beziehungsweise Neuankömmlinge gefahrlos an die Herde zu gewöhnen. Durch mobile Zwischenzäune lassen sich ferner Einzelpaddocks schnell zu Gemeinschaftsausläufen umfunktionieren und mittels flexibler Trennwände kann die Einteilung der Boxen variabel gestaltet werden.

Welche Haltungsweise man für sein Pferd letztlich wählt, ist von mehreren Faktoren abhängig. Ein Entscheidungskriterium ist sicherlich die Einsetzart des Pferdes. So sind sämtliche Formen der Gruppenauslaufhaltung für Freizeitpferde, alte oder nicht reitbare Pferde ideal. Auch für so genannte Sportpferde hat sich diese pferdegerechte Haltungsform bewährt, vorausgesetzt der Pferdegruppe stehen entsprechend großzügige Stall- und Laufflächen zur Verfügung und das Futter kann individuell zugeführt werden.

Pferdegruppen richtig zusammenstellen

- *Kleingruppen von zwei bis acht Pferden sind ideal, größere Verbände nur auf großflächigen Paddocks oder Weiden beziehungsweise Stallbereichen (zum Beispiel Scheunen) möglich.*
- *Ungerade Anzahl (zum Beispiel Dreiergruppen) vermeiden!*
- *Nur Stuten oder nur Wallache oder einen Wallach mit mehreren Stuten sind günstig, mehrere Wallache und eine Stute dagegen ungünstig.*
- *Möglichst rasse- beziehungsweise typhomogene Pferde mit ähnlicher Individualdistanz und Bewegungsaktion einander zuordnen.*
- *Herdenzusammenstellung nach Möglichkeit gleichzeitig durchführen. Neuankömmlinge immer unter Aufsicht, bei Tageslicht und auf großen Laufflächen (zum Beispiel Weide) eingliedern.*
- *Stabile Zäune, viel Platz mit Ausweichmöglichkeiten ohne Ecken und Winkel sowie Ställe mit mindestens zwei Eingängen oder einem sehr breiten Eingang verringern Verletzungsrisiken.*

In Ställen mit hoher Fluktuation des Pferdebestands wie zum Beispiel Pensionsställen oder Ausbildungsbetrieben ist die Haltung in Paddockboxen eine gute Alternative. Plant man die Umstellung von der Stallhaltung auf eine Halbrobusthaltung, ist das Frühjahr die beste Jahreszeit.

Großflächige Einraum-Laufställe sind für rangordnungsstabile Zuchtstutengruppen sowie für Aufzuchtpferde eine traditionelle Haltungsform, die jedoch unbedingt mit einem ganzjährigen Weidegang kombiniert werden muss. Die Haltung in Gemeinschaftsboxen kommt dagegen nur für befreundete Pferde oder Jungpferde in geringer Besatzdichte in Frage. Wie alle geschlossenen Haltungssysteme sind Innenbucht-Ställe auf Dauer nur akzeptabel, wenn ein entsprechender Ausgleich durch täglichen, mehrstündigen Freilauf besteht. Bei Einzelaufstallung in Boxen muss zudem der Sozialkontakt mittels halbhoher Trennwände beziehungsweise aufklappbarer oder aufschiebbarer Gitterstäbe sowie möglichst auch ein temporärer Gemeinschaftsaufenthalt auf Auslauf oder Weide sichergestellt sein. Denn jegliche Form der Stall- oder Einzelhaltung ist als Dauerunterbringung nicht pferdegerecht und mit dem Tierschutz unvereinbar!

Artgemäße Hengsthaltung

Gruppenhaltung ist bei den meisten erwachsenen Hengsten leider nicht möglich. Nur wenige Deckhengste leben gemeinsam mit ihren Stuten. Auch Reithengste können erfahrungsgemäß nur im Sozialverband mit Hengsten oder Wallachen gehalten werden, wenn sie noch keine Deckerfahrung gemacht haben, sich keine Stuten in Sicht-, Hör- und Riechweite befinden und der Hengst sein „Sozialverhalten" durch jahrelange Einzelhaltung noch nicht verlernt hat. Dennoch darf ein Hengst niemals isoliert gehalten werden! Eine großzügige Außenbox (mindestens 16 Quadratmeter) mit ständigem Sicht- und Hörkontakt (eventuell auch Schnupperkontakt) sowie regelmäßigem Freilauf beziehungsweise Koppelgang ist das Mindeste. Besser ist eine (stabil eingezäunte) Paddockbox, möglichst mit angrenzender eigener Weide und Rundumblick zu seinen Stuten oder anderen Artgenossen. Außerdem ist ein Hengst auf kontinuierliche Zuwendung sowie abwechslungsreiche Beschäftigung durch den Menschen angewiesen.

Einzeln gehaltene Hengste benötigen neben einer sicheren Einfriedung vor allem einen zentralen Standort mit guter Übersicht.

Aus Sicht der Pferde ist eine ganzjährige Freilandhaltung auf großflächigen Weiden mit Schutzhütte, Bäumen, Strauch- und Buschwerk wohl die natürlichste Art der Haltung. In unseren Breitengraden lässt sich diese Haltungsform zumindest in den Herbst- und Wintermonaten aber wohl nur mit urwüchsigen Rassen verwirklichen, die über eine entsprechende Fell- und Unterhautstruktur als Thermoregulator verfügen und nicht ständig als Reit- oder Fahrpferde genutzt werden. Ob es allerdings notwendig ist, unseren Pferden computergesteuerte Bewegungsanreize zu bieten, sei dahingestellt. Zumindest in der Gruppenauslaufhaltung mit zusätzlichem Weidegang oder Bewegungstraining durch den Menschen bestehen wohl genügend Bewegungsanreize. Aber auch bei fehlendem Weidegang in der vegetationslosen Zeit, bei alten Pferden oder bei solchen, die nicht (mehr) reitbar sind, sollte es wohl andere Möglichkeiten der Bewegung oder Beschäftigung geben als die durch den Computer.

Weitere Entscheidungskriterien sind die örtlichen Gegebenheiten, die zur Verfügung stehende Zeit, die kontinuierlich zu verrichtende Arbeit sowie die finanziellen Möglichkeiten.

Bei einem Neubau ergeben sich in der Regel mehr Planungsmöglichkeiten als bei einem Umbau. Doch auch wenn neu gebaut wird, ist man sowohl von der Fläche als auch den gegebenenfalls vorliegenden baurechtlichen Einschränkungen abhängig.

Ferner sind Zeitvolumen und Arbeitsaufwand keine unerheblichen Wahlfaktoren, die aber weniger von der Haltungsform als von der Haltungsorganisation bestimmt werden. Denn Arbeitsaufkommen und Zeitaufwand sind bei jeder Haltungsweise relativ groß, sie umfassen nur unterschiedliche Arbeitsbereiche. Entscheidend ist vielmehr, ob man sein Pferd eingestellt hat, es in Eigenregie oder mit anderen zusammen hält. In einem Pensionsstall, wo die anfallenden Arbeiten im Wesentlichen vom Stalleigner oder seinen Angestellten durchgeführt werden, benötigt man in der Regel am wenigsten Zeit, vorausgesetzt der Anfahrtsweg ist nicht zu lang. In einer Haltergemein-

In einem einfachen Offenstall aus Holz mit angrenzenden Laufflächen fühlen sich Pferde wohler als in einem teuren, geschlossenen Luxusstall.

schaft kann man sich die Arbeit teilen, während man im eigenen Stall alle Arbeiten alleine verrichten und darum die meiste Zeit veranschlagen muss. Außerdem sollte für eine zuverlässige Vertretung bei Krankheit oder Abwesenheit gesorgt sein.

Nicht zuletzt spielt der jeweilige Finanzrahmen eine nicht unbedeutende Rolle. Jede Bau- oder Umbaumaßnahme kostet unzweifelhaft Geld und manchmal sind sogar teure Fremdleistungen erforderlich. Dennoch lassen sich viele unnötige Kosten einsparen, wenn man handwerklich begabt ist und beim Bauen oder Umbauen selber Hand anlegt. Auch die Bauweise und die Stallausstattung sind für die Kostenkalkulation relevant. Dabei sollten wir stets die Haltungsansprüche der Pferde berücksichtigen. Denn was hat ein Pferd von einem Hightech-Stall mit Solarium und Laufmaschine, wenn es trotzdem überwiegend in der Box stehen muss? Nicht selten wird unsinnig und kostspielig am Pferd vorbei gebaut. Während für uns Menschen Luxus gleichbedeutend mit teuer, bequem und schön anzusehen ist, orientiert sich das Komfortempfinden der Pferde einzig an der Befriedigung seiner Bedürfnisse.

Der einfache und selbst erstellte Offenstall mit trittsicheren Laufflächen und angrenzender Weide ist nicht nur preiswerter, sondern auch pferdegerechter. Nichtsdestotrotz sollten wir natürlich auch unsere Bedürfnisse bedenken, indem wir zum Beispiel die Arbeitswege möglichst kurz einplanen oder technische Innovationen wie frostsichere Tränken nutzen, die im Winter viel Zeit und Arbeit sparen.

„Für Pferde umbauen" heißt aber in erster Linie den Pferden einen Lebensraum zu schaffen, in dem sie sich wohl fühlen. Ziel eines jeden Pferdehalters sollte es also sein, die Unterkunft seines Tieres so zu gestalten, dass sie seiner ursprünglichen Umgebung so nahe wie möglich kommt.

NEUBAU

Pferdeställe

Hat man sich entschieden, für die eigenen Pferde oder Pensionspferde ein neues Stallgebäude zu errichten, müssen zunächst die Voraussetzungen hierfür geschaffen werden. Dabei gibt es unterschiedliche Möglichkeiten. Hat man bereits ein Wohnhaus mit zusätzlichem Baugrundstück und angrenzender Wiese im ländlichen Raum, auf dem ein Pferdestall gebaut werden darf? Besteht die Gelegenheit, ein Baugrundstück zu kaufen, auf dem sowohl Tierhaltung möglich ist als auch die spätere Errichtung eines Wohnhauses? Oder nur ein bebaubares Grundstück, auf dem einzig ein Pferdestall gebaut werden kann? Ist das Grundstück bereits erschlossen (Wasser, Abwasser, Strom, Telefon) oder steht die Erschließung noch aus (zusätzliche, nicht unerhebliche Kosten)?

Ist eine der oben genannten Alternativen vorhanden, sind der Bauvorbescheid sowie die Auflagen weiterer Behörden (Untere Landschaftsbehörde, Landwirtschaftsamt) positiv entschieden und sind schließlich nachbarschaftsrechtliche Fragen geklärt, kann die eigentliche Planung beginnen. Näheres zu baurechtlichen Fragen finden Sie im Abschnitt Baurecht und Bauordnung.

Planung

Ist das bebaubare Grundstück bereits fest ausgewiesen, hat man bezüglich des Standorts (Großklima: Muldenlage, Hanglage, Höhenlage) keine Wahlmöglichkeiten mehr. Lediglich bei der Kleinklimalage (Mikroklima: Windrichtung, Wetterseite, Sonnenlichteinfall) und der Stellung des neuen Gebäudes können planerische Vorgaben gemacht werden.

Das Kleinklima hat einen nicht unwesentlichen Einfluss auf das spätere Stallklima.

Krank machende Strahlung?

Grundsätzlich gibt es zwei Arten von Strahlung: So genannte Erdstrahlen, auch „geopathische Störfelder“ genannt, die durch in der Erde befindliche Wasseradern, Bodenverwerfungen oder Gesteinsverschiebungen hervorgerufen werden sollen, und zum anderen vom Menschen ausgelöste Strahlen wie elektromagnetische Wellen (Mobilfunksender, Hochspannungsmasten), auch unter dem Begriff „Elektrosmog“ bekannt.

Während die Erdstrahlung eine hypothetische, bisher noch nie physikalisch einwandfrei gemessene Strahlung ist, der örtlich krank machende Erscheinungen zugeschrieben werden, stellen hochfrequente elektromagnetische Wellen in unmittelbarer Nähe von Mensch und Tier erwiesenermaßen eine gesundheitliche Gefahr dar. Während Hochspannungsmasten nur ein sehr geringes elektrisches Magnetfeld verursachen, ist die Strahlung in unmittelbarer Nachbarschaft von Mobilfunk- und Richtfunksendern militärischer oder privater Einrichtungen als erheblich einzustufen.

Südwesthanglagen eignen sich für das Kleinklima einer Stallanlage am besten.

Tabelle 2:
Einfluss von Standort, Lage und Abständen auf das Stallklima

Standort, Lage, Abstände	Einfluss
Kaltluftzonen, geringe Luftbewegung	wenig Lufttransport in den Stall bzw. seine Lüftung; Staubgehalt und Anteil der Schadgase höher
Geländemulden, Talsenken	Bildung von „Kaltluftseen"; Stallbereich bzw. Gebäude höher anlegen (Aufschüttung) als umgebende Bereiche
Hanglagen, Höhenlagen	vermehrte Luftbewegung von Wechsel- und Warmluft; Gestaltungsspielraum der Stallbelüftung größer
Nordlage, Nordhanglage	Winterklima extremer, Sommerklima milder
Südwestlage, Südwesthanglage	im Jahresmittel die optimalste Sonneneinstrahlung, weil sie im Frühjahr und Herbst günstiger sind als reine Süd- oder Nordlagen
Gebäudelängsachse	parallel zur Windrichtung (Ost-West-Richtung) anlegen; weniger Insekten durch mehr Luftbewegung; Wind „streicht" die langen Seiten entlang
Fenster, Paddocktüren, Kleinpaddocks	auf der der windabgewandten Seite anlegen, am besten nach Süden
Abstände einzelner Gebäude	mindestens das Doppelte ihrer Höhe wegen ungehinderter Luftbewegung
Waldränder	Kleinklima kann sich wie in Bodensenken auswirken
Straßen, Fußwege, Geräuschquellen	stören Pferde in ihrer Ruhe (Stress) und können gesundheitsschädlich sein; daher Fenster, Türen, Ausläufe immer auf der anderen Seite anordnen

Dungstätten neben dem Stall sind zwar praktisch, aber wegen der Insektenplage nicht zu empfehlen.

Ein weiteres Kriterium bei der Planung ist die Entfernung des Stallgebäudes zum bereits vorhandenen oder später erstellten Wohnhaus wegen des Sichtkontaktes zu den Pferden, Insekten- und Geruchsbelästigung sowie Überlegungen zur Wirtschaftlichkeit bei der späteren Nutzung:

- Kosten für zusätzliche später anfallende Flächenbefestigungen
- Berücksichtigung der Lage für Erschließungspunkte (Wasser, Strom), um die Kosten für Erdarbeiten (Anschlussgräben zur Rohr- und Kabelverlegung) niedrig zu halten
- Arbeitswege: Zugang zur angrenzenden Weide beachten, um den Arbeitsaufwand gering zu halten, und nicht zuletzt
- Ort und Lage der Dungstätte. Die Dungstätte sollte an einem Ort erstellt werden, der nahe genug am Stallgebäude liegt, um bei der Mistarbeit keine weiten Wege zurücklegen zu müssen. Sie sollte aber weit genug weg sein, damit das Insektenaufkommen im Stall nicht so groß wird und auf der windabgewandten Seite des Stalls, Wohnhauses und des Nachbargrundstücks liegen. Schließlich sollte die Dungstätte für Maschinen gut zugänglich sein und sich nicht in Gewässernähe befinden.

Sozialverhalten der Pferde berüksichtigen!

Neben den wirtschaftlichen, optischen und das Kleinklima beeinflussenden Kriterien bezüglich der Lage und des Standorts des Stallgebäudes müssen auch wichtige soziale Eigenschaften der Pferde berücksichtigt werden. Das heißt, die offenen Seiten des Gebäudes (Fenster, Türen), Auslaufflächen und Paddocks sowie Aufenthaltsbereiche von benachbarten Pferden sollten visuell so zueinander in Verbindung stehen, dass das von Natur aus neugierige Pferd jederzeit seine Artgenossen nicht nur in Hörweite, sondern auch im Blickkontakt hat und immer alles rund um den Stall beobachten kann. Dieser Aspekt ist besonders bei Hengsten zu beachten, die – meist allein stehend, aber im sozialen Gefüge der anderen Pferde mit eingebunden – den starken Drang haben alles zu kontrollieren. Sieht er nicht genug und geschieht etwas Außergewöhnliches (ausgebrochenes Pferd, Besuch von Fremdpferden), kann der Hengst in Panik geraten und nicht nur die Flächen erheblich beschädigen, sondern sich auch selbst verletzen

Zusätzliche Planungsvorgaben sind:

- Der neue Pferdestall sowie die ihn umgebenden Flächen, Unterstände, Weiden, Einfriedungen und andere Einrichtungen sollten sich in das bestehende Umfeld einfügen.
  Zu berücksichtigen sind der Baumbestand und bereits bestehende Gebäude (Freiraumplanung).
- Zusätzliche Pflanzungen von Bäumen, Büschen und Hecken erhöhen nicht nur den Wert der gesamten Anlage, sondern tragen zu einem harmonischen Gesamtbild bei.

Sind alle planerischen Besonderheiten zu Standort, Lage und Abständen berücksichtigt worden, steht die Entscheidung an, ob man

- das Stallgebäude sowie die Dungstätte bauseits als Rohbau und Ausbau in Massivbauweise (eingeschossiges Mauerwerk mit erdlastiger Futterlagerung oder zweigeschossig mit deckenlastiger Lagerung) oder in Leichtbauweise mit Sattel- oder Pultdach (Holzbauweise, eingeschossig) erstellt beziehungsweise erstellen lässt; Letzteres geht im Selbstbau mit Fremdleistungen (Statik), Bauantrag (Fremdleistung oder selbst eingereicht bei eingeschossigen gewerblichen landwirtschaftlichen Gebäuden bis zu 250 Quadratmeter Grundfläche und bis zu fünf Meter Wandhöhe); oder
- ob man ein Unternehmen beauftragt, einen kompletten Pferdestall in Fertigbauweise einschließlich Bauantrag, Baugenehmigung und

Der Pferdestall und seine Außenlage sollte immer in das bestehende Gesamtbild passen.

Mit einem Fertigbaustall in Holzbauweise lassen sich viele artgerechte Haltungsmöglichkeiten variabel gestalten.

Typenstatik zu erstellen, wo man lediglich im Vorfeld die wasserdichte Bodenplatte aus Beton und die Wasser- und Stromanschlüsse an der dafür ausgewiesenen Stelle baut oder bauen lässt.

Hat man Zeit und verfügt über handwerkliches Geschick und gewisse Fertigkeiten, kann der bauseits errichtete Stall günstiger und besser sein. Es gibt aber inzwischen eine so große Anzahl europäischer Hersteller von Pferdeställen in Fertigbau- beziehungsweise Leichtbauweise, die aufgrund der angespannten Marktlage und Konkurrenz ihre fix und fertig aufstellbaren Systeme sehr preiswert anbieten, dass man im Vorfeld unbedingt einen Kostenvergleich anstellen sollte. Oftmals werden solche Fertigbauställe inzwischen als Baukastensystem angeboten, sodass man bei zunehmendem Pferdebestand ohne Probleme sowohl Stallgebäude als auch Remisen, Lagerräume und sogar dazu passende Reithalle sowie Wohngebäude in gleicher Bauweise erweitern kann. Eine solche Langzeitplanung sollte aber mit dem Bauamt auf ihre Durchführbarkeit vorher abgeklärt werden.

Ähnlich verhält es sich mit der Inneneinrichtung und dem Innenausbau. Während bei bauseits erstellten Stallgebäuden die Inneneinrichtung, Fenster und Türen individuell und einzeln gekauft, eingebaut und angepasst werden müssen (Trennwände, Boxen, Wasser- und Stromleitungen, Beleuchtung), werden diese Leistungen von den Anbietern der Fertigbauställe komplett durchgeführt. Oftmals ist die Abstimmung der Baustoffe (Holz/Holz; Holz/Kunststoff und Holz/Metall) auch sehr durchdacht und hat sich bewährt.

Weiterhin bieten einige Fertigstallhersteller mehrere Varianten von Wandschalungen (Stülpschalung, Feder-Nut-Schalung, Blockhausstil) und Dachdeckungen (Schiefer- und Tondachziegel, Dachpappe und Dachplatten) an, die je nach Auflagen der Baubehörden die Eigenart der bestehenden Bebauung berücksichtigen.

Stallbausysteme

Die Art der Aufstallung ist in erster Linie von der Größe des Bestands, der Rasse und Nutzung der Pferde sowie den arbeitswirtschaftlichen Ansprüchen des Pflegepersonals abhängig. Prinzipiell unterscheidet man Einzel- und Gruppenhaltung.

Pferdeställe mit Einzelhaltung

Diese Haltungsform empfiehlt sich besonders in Pensionsställen und Ställen mit häufigem Wechsel der Pferde, wie zum Beispiel Verkaufsställe oder Deckstationen, wo eine Gruppenhaltung nicht möglich ist. Die Mindestfläche einer Einzelbox richtet sich dabei nach der Größe des darin eingestallten Pferdes.

Die Minimalforderung

(2 mal Stockmaß)^2 = Grundfläche

Beispiel 165 Zentimeter großes Pferd

(2 mal 1.65)^2 = 11 Quadratmeter

ist als Grundfläche für ein Pferd, welches den Hauptteil seines Lebens in einer solchen geschlossenen Box stehen muss, zu gering und in keiner Weise mehr zu vertreten. Einem Pferd von dieser Größe sollte man mindestens 16 bis 20 Quadratmeter zubilligen (also vier mal vier oder vier mal fünf Meter). Die lichte Höhe der Boxen sollte wegen der Schwitz- und Kondenswasserbildung mindestens drei Meter betragen. Grundsätzlich sollten die Boxen möglichst großzügig gestaltet werden und wenigstens die Hälfte, besser die ganze errechnete Mindestfläche dazu addiert werden.

Die gängigste Stallform für Innenboxenställe ist ein rechteckiges Satteldachgebäude mit ein- oder beidseitiger identischer Boxenanordnung und jeweils einem Fenster mit gleichen Abmessungen und einseitiger oder mittiger Stallgasse, weil arbeitstechnisch bequem zu handhaben und einfacher zu bauen. Ist diese Stallform mit Zwischendecke und dachlastigem Raufutterlager, also zweigeschossig geplant, sollte an den beiden Stirnseiten der Stallgasse je ein Zugang nach außen angeordnet werden, was vor allem eine bessere Boden-Fenster-Lüftung gewährleistet. Baut man den Stall eingeschossig ohne Zwischendecke mit erdlastigem Futterlager, ist die Belüftung als Fenster-First-entlüftung definiert.

Ist die bebaubare Fläche eher quadratisch, bietet sich eine Stallform im L-Profil mit ebenfalls ein- oder beidseitiger Boxenanordnung und einseitiger oder mittiger Stallgasse an. In diesem Fall sind die Grundflächen der Boxen unterschiedlich und der Bau des Satteldachs sowie der Außenwände ist komplizierter.

Ein Innenboxenstall sollte immer hell und luftig, die Stallgasse ausreichend breit sein.

Außenboxen besitzen besonders in England und in vielen Rennställen eine lange Tradition und erfreuen sich – sowohl bei bauseits erstellten Neubauten als auch im Fertigstallbau – in Deutschland zunehmender Beliebtheit. Das vornehmlich einreihige Stallgebäude mit Pultdach kann quadratisch, in L- oder U-Form erstellt werden. Die beiden letzteren Formen erhöhen den kommunikativen Wert für die Pferde. Das Pultdach erhält an der Vorderseite einen ein bis zwei Meter langen Überstand, bildet somit als Überdachung einen Wetterschutz und macht alle Versorgungs- und Pflegearbeiten relativ witterungsunabhängig. Jede Box besitzt dabei mindestens ein ganz zu öffnendes Fenster oder eine zweigeteilte Klapptür, die für mehr Licht und Luft sorgen und das Innenklima dem Außenklima anpassen. Vor allem der Kontakt zur Außenwelt ist als sehr positiv einzustufen.

Einzelhaltung
Außenbox mit Fenster

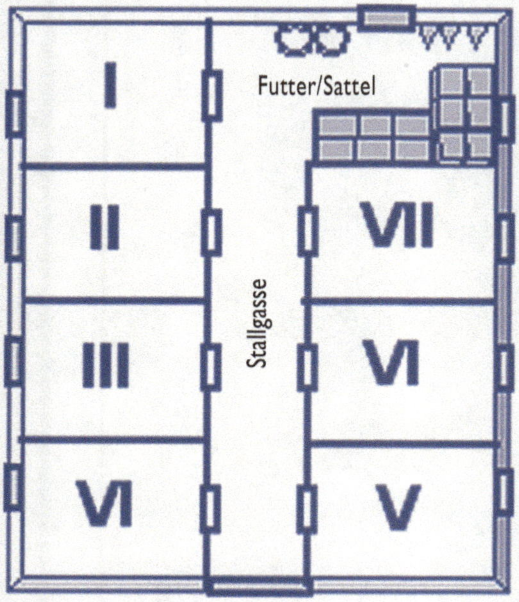

Der Außenboxenstall erfreut sich zunehmender Beliebtheit.

Außenboxen mit Kleinpaddocks stellen für das Pferd die artgerechteste Form der Einzelhaltung dar. Die Abmessungen dieser Paddocks richten sich dabei immer nach den Breiten der Innenboxen und den vorhandenen Außenflächen. In diesem Fall kann die Grundfläche der Box der Minimalforderung entsprechen, da dem Pferd ja zusätzliche Fläche im Außenbereich zur Verfügung steht. Geplant wird diese Paddockbox ähnlich wie eine geschlossene

Die beste Unterbringung bei der Einzelhaltung ist der Außenboxenstall mit Kleinpaddocks.

Einzelhaltung

Paddockboxen mit Außentüren

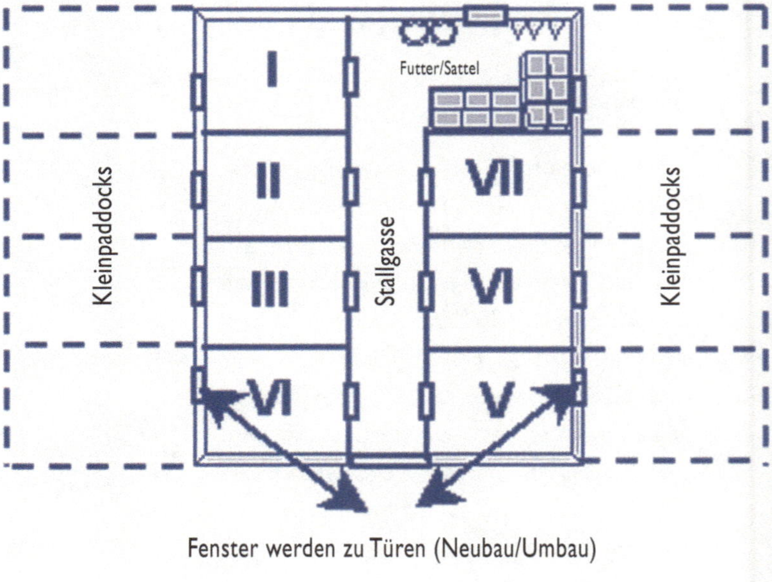

Stallung mit Fenster, nur dass statt dem Fenster eben eine Tür eingesetzt und der Paddock vorgebaut wird – kein großer Mehraufwand! Problematisch kann allerdings hierbei Zugluft werden. Durch die Vielzahl der offenen Türen können sich – besonders in der kalten Jahreszeit – Luftverwirbelungen bilden. Anstatt jedoch die Türen zu schließen (wie in vielen Ställen zu sehen ist), können Streifenvorhänge aus PVC in möglichst schwerer Ausführung und überlappend verwendet werden. Die Pferde gewöhnen sich relativ schnell an diese Vorhänge, die im Sommer nach oben aufgerollt werden können.

Der befestigte Paddock wird direkt vor der Box angeordnet und sollte eine Mindestfläche von 30 bis 50 Quadratmeter haben. Die zusätzliche Überdachung durch das überstehende Pultdach erhöht hierbei den Komfort für die Pferde, da sie bei kälterer Witterung besser geschützt sind und sich hauptsächlich im Außenbereich aufhalten können und das auch gerne tun!

Eine so genannte Laufbox erhält man, wenn man Tränke oder Fressbereich im Außenbereich anordnet.

Eine Bewegungsbox besitzt immer einen computergesteuerten Futterdosierer.

Pferdeställe mit Gruppenhaltung

Zur Gruppenhaltung zählen sowohl geschlossene Stallbausysteme wie der Einraum-Laufstall und Gemeinschaftsboxen als auch alle offenen Systeme der Gruppenauslaufhaltung wie Offenstall, Laufstall und Bewegungsstall.

Gemeinschaftsboxen (Innenstall-Buchten) eignen sich für homogene Kleingruppen von Pferden, die sich gut vertragen. Üblich ist ein Satteldachgebäude im Rechteck mit beidseitiger Anordnung der

Der Gemeinschaftsboxenstall bietet Sozialkontakte und eignet sich für Aufzuchtpferde.

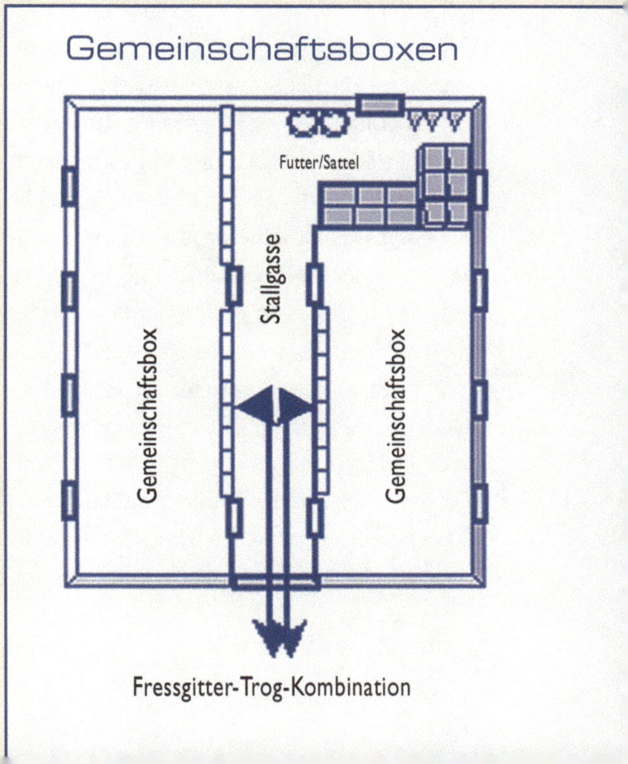

großen Boxen, mittiger Stallgasse und jeweils zwei Fenstern oder ein Pultdachgebäude mit einseitiger Boxenanordnung und einseitiger Stallgasse.

Zwischen Boxen und Stallgasse befindet sich eine Fressgitter-Trog-Kombination. Die Fütterung erfolgt von der Stallgasse aus, die Selbsttränken befinden sich entweder in einer geschlossenen Ecke oder sind im Fressbereich integriert.

Der Einraumlaufstall kann in einem rechteckigen Pult- oder Satteldachgebäude eingerichtet werden und ist für Zuchtstuten und Aufzuchttiere üblich. Er besteht – wie der Name schon sagt – aus einem großen Raum mit entsprechend vielen Fenstern und zwei aufklappbaren oder aufschiebbaren Toren jeweils an der Stirnseite. An den beiden langen Seiten befinden sich in der Wand eingelassene Selbsttränken, Futtertröge und Anbindevorrichtungen. Das Raufutter wird in der Regel mittig und der Länge des Stalls folgend verteilt. Sinnvoll ist auch der Einbau von ein oder zwei Notfall- oder Abfohlboxen in einer Ecke der kurzen Seite.

Einraum-Laufstall

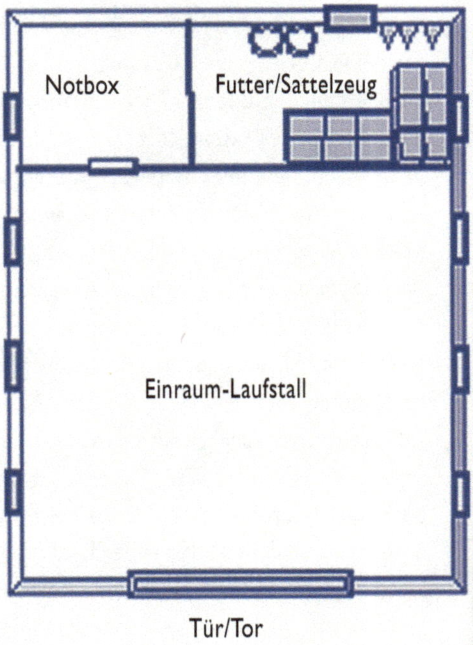

Sowohl für Einraum-Laufställe als auch für Gemeinschaftsboxen gelten die Mindestanforderungen von Einzelboxen, was die Grundfläche pro Pferd betrifft. Doch auch hier sollte man – wenn es der Geldbeutel zulässt – großzügiger verfahren und das Doppelte an Flächenbedarf je Pferd bemessen. Das gilt insbesondere für lauffreudige Absetzer oder Jährlinge, für trächtige oder fohlenführende Stuten sowie für Pferde mit hoher Individualdistanz wie zum Beispiel Araber.

Gruppenauslaufhaltung bietet sich für alle Pferde an, die ein konstantes Sozialgefüge besitzen oder wenn nur ein geringer Wechsel von kommenden oder gehenden Pferden besteht.

Für einen so genannten Offenstall mit etwa vier bis sechs Pferden eignet sich ein Pult- oder Satteldachgebäude aus Holz oder Mauerwerk, das zur windgeschützten Seite hin offen bleibt. Die Öffnung sollte so groß sein, dass mehrere Pferde gleichzeitig hinein beziehungsweise hinaus gehen können oder es müssen zwei Öffnungen (je 1,80 bis 2,50 Meter breit und mindestens 2,40 Meter hoch) angeordnet werden. Auch Raumteiler sind zu empfehlen, um einem rangniedrigen Tier eine Ausweich- und Schutzmöglichkeit vor dem Ranghöheren zu geben. Zu diesem Zweck kann man zum Beispiel eine freistehende stabile Holzwand in der Mitte der großen Öffnung erstellen.

Für größere Bestände von acht bis 15 Pferden eignen sich freitragende Hallen mit geschlossenen

Raumteiler im Offenstall müssen stabil gebaut sein.

Ein Laufstall mit frostsicherer Tränke im Außenbereich stellt die artgerechteste Pferdehaltung dar.

Gruppenauslaufhaltung

Gemischte Pferdegruppe

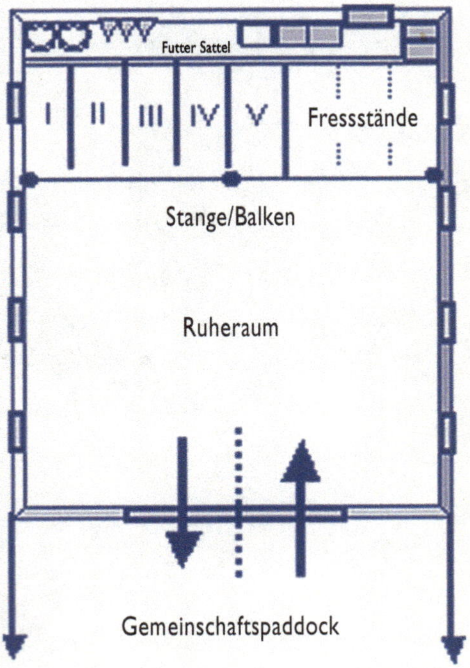

Gruppenauslaufhaltung

Zwei gemischte Pferdegruppen

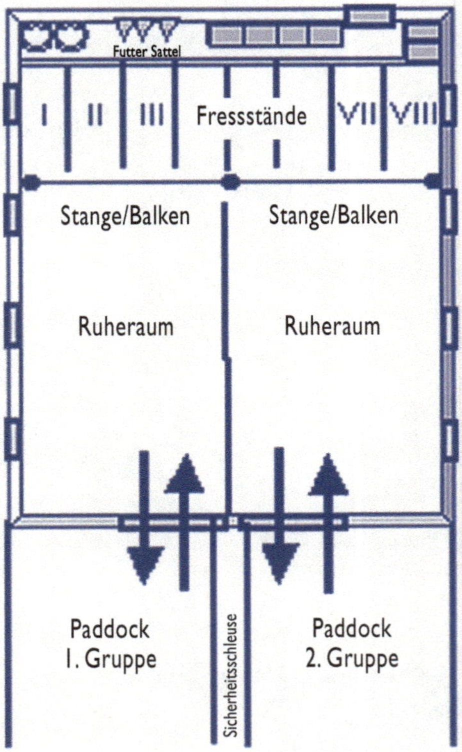

Giebelseiten und Satteldach. Die windgeschützten Liege- und Ruhebereiche sollten immer in südlicher Richtung angeordnet werden. Man rechnet für ein Pferd etwa zehn Quadratmeter Liegefläche. Ein zusätzliches Vordach bietet weitere Unterstell- und Aufenthaltsmöglichkeiten. Nebenräume für Futterlager, Sattelkammer und andere Bergeräume sowie der Fresstand sollten im nördlichen Teil des Gebäudes eingerichtet werden. Alle Türen, Fenster und sonstige Öffnungen müssen so angeordnet werden, dass keine Zugluft entstehen kann. Schließlich sollte der Offenstall an einen ausreichend großen Paddock angrenzen (50 bis 200 Quadratmeter pro Pferd), der wiederum an die Koppeln anschließt, um den Arbeitsaufwand möglichst gering zu halten. Wichtig ist außerdem, dass die Tore so breit sind, dass die Paddockfläche jederzeit mit einem Traktor befahrbar ist. Praktisch sind leicht bedienbare Schwenk- oder Rolltore. Weitere Informationen zu Paddockflächen und -einzäunung sind in dem Abschnitt über vegetationslose Flächen beziehungsweise Einfriedung enthalten.

Ordnet man den Fress- oder Tränkebereich zum Beispiel durch frostsichere Tränken und überdachte Rundraufen außerhalb des Stalls an, entsteht ein Laufstall.

Kernstück des Bewegungsstalls ist eine computergesteuerte Futterstation im Außenbereich mit einer nur in eine Richtung zu öffnenden Klapptür. Die Pferde tragen einen Halsriemen mit Chip. Die darin gespeicherten Daten weisen jedem Pferd individuell seine Kraftfutterration zu, die es über den ganzen Tag verteilt abrufen kann. Der Bewegungsstall sollte so angelegt sein, dass die Pferde ständig ruhig zwischen Ruheraum, Tränke, Wälzplatz, Raufutterraum oder Raufe und Kraftfutter-Abrufstation hin und herlaufen. Am besten geeignet ist ein Rundkurs.

Feste Unterstände und mobile Alternativen

Schutzhütten für Pferde auf der Weide oder innerhalb von Ausläufen kann man mobil oder ortsfest aufstellen. Sie erfüllen den Zweck, Pferde vor Witterungseinflüssen und Insekten zu schützen, Raufutter vor Nässe zu sichern oder Pflegemaßnahmen sowie Huf- und Tierarztbehandlungen unter Dach ausführen zu können. Während feste Unterstände meistens einer Baugenehmigung bedürfen, sind mobile Unterstellmöglichkeiten zum Teil genehmigungsfrei. Lesen Sie hierzu das Kapitel über Baurecht und Bauplanung.

Massive, ortsfeste Unterstände

Zur einfachsten Errichtung solcher Schutzhütten benötigt man Holzpfosten, Holzpfetten und -sparren, Dachlatten aus Holz, Holzbretter für die Seitenwände, Lochblech-Winkeleisen mit Schrauben für die kraftschlüssigen Verbindungen, Nägel und eine Dachdeckung aus Bitumen-Dachbahnen oder Faserzement-Wellplatten. Am sinnvollsten ist ein Pultdach, weil einfach zu bauen, kostengünstig und mit einem Überstand zu versehen, der den Eingang vor Regen schützt.

Ortsfester Unterstand aus Holz

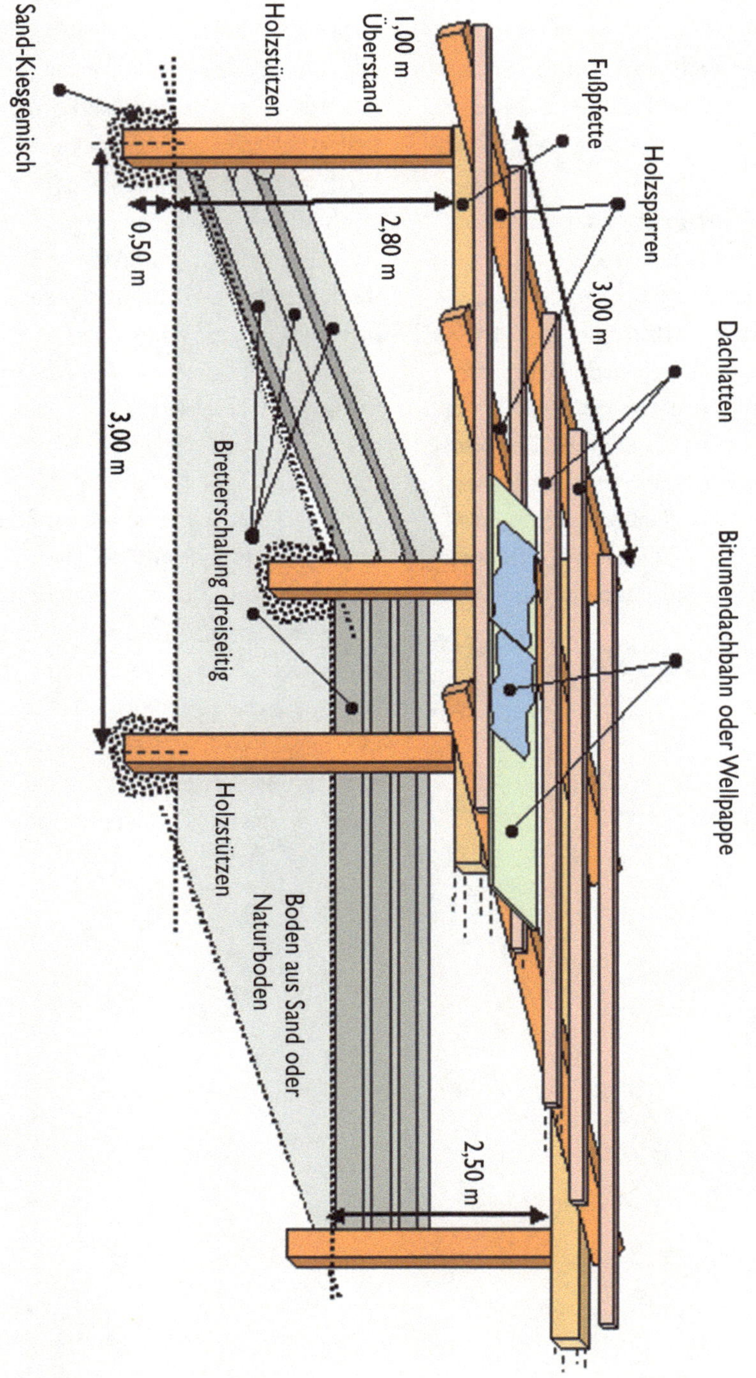

Seitenansicht
Ortsfester Unterstand aus Holz

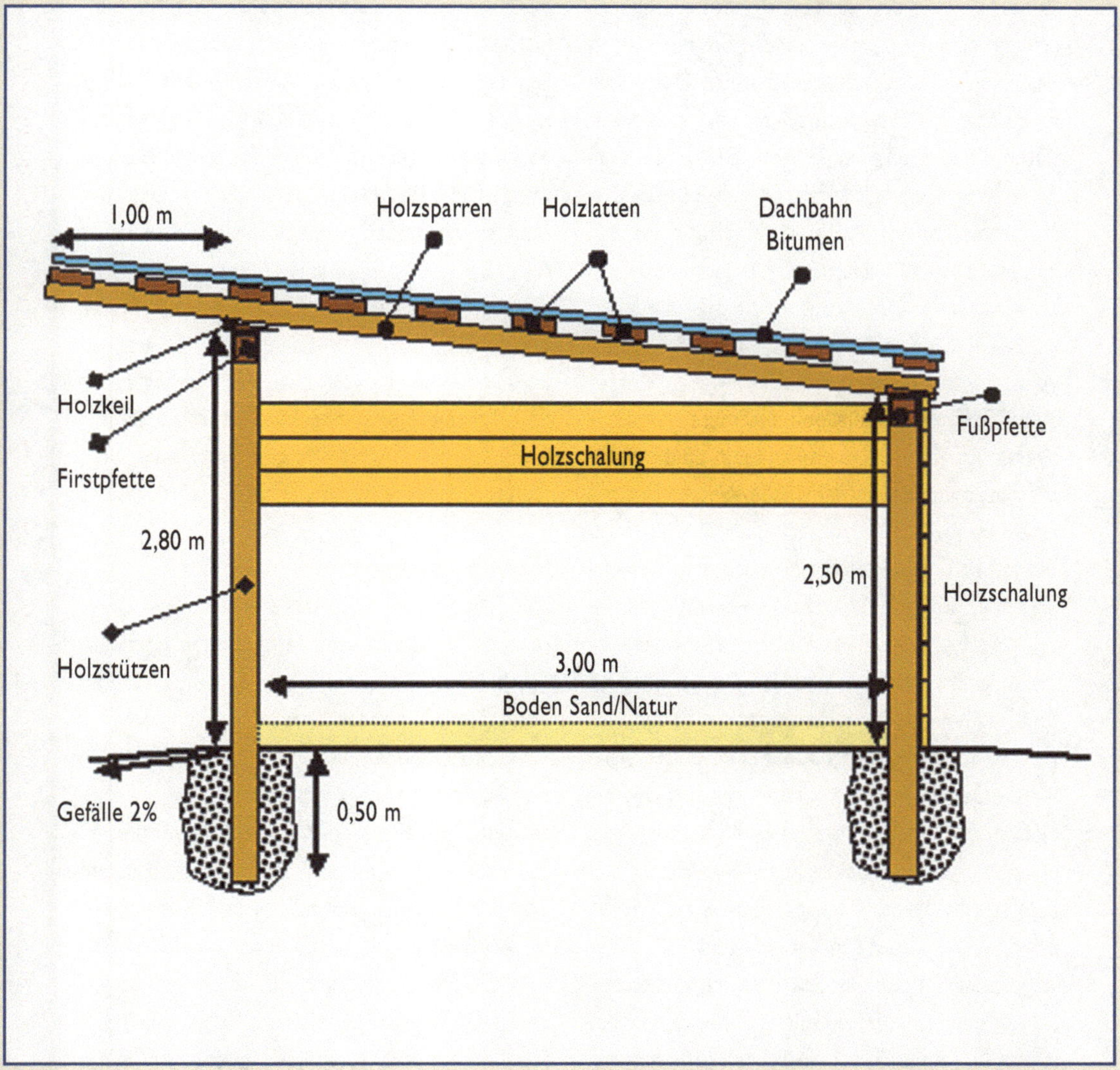

Die Grafiken zeigen die Konstruktion einer kostengünstigen Schutzhütte.

Bauablauf

Zunächst wird die Fläche eingemessen. Hierzu schlägt man Holzpfähle an die Stellen in den Boden, wo die Stützen stehen sollen. Diese verbindet man mit einer Richtschnur und kontrolliert durch die Messung der Diagonalen so, dass man ein einwandfreies Quadrat bei zum Beispiel drei Metern Stützenabständen erhält. Dann gräbt man von Hand zirka 50 Zentimeter tiefe und 50 Zentimeter runde Gruben aus, in die man die Holzstützen einführt. Verfüllt wird mit einem Sand-Kiesgemisch, damit eintretendes Wasser besser abfließen kann. Anschließend die Stützen mit einer Wasserwaage oder einem Pendel in die Lotrechte bringen und das verfüllte Sand-Kiesgemisch mit einem Handverdichter feststampfen. Sind die Stützen fest im Boden verankert, werden ringsum Holzpfetten (Fußpfette, Firstpfette) zwischen den Stützen eingebaut, die mit Lochplatten-Eckwinkeln an den Stützen angeschraubt werden. Dann können die drei Seiten – die offene Seite muss immer der Wetterseite abgewandt liegen – mit einer Bretterschalung versehen werden. Hierzu eignen sich sowohl einfache, raue Bretter, die auf Stoß gelegt werden, als auch teurere gehobelte Feder-Nut-Bretter.

Jetzt können die Dachsparren aus Holz (zehn oder 15 Zentimeter, Länge mindestens 4,00 Meter wegen einem Meter Überstand an der offenen Seite) auf den Holzpfetten mittels Schrauben oder langen Nägeln aufgebracht werden (drei Sparren auf drei Meter). Auf diese Sparren nagelt man quer Dachlatten aus Holz auf (Abstände 30 bis 40 Zentimeter), auf die man entweder Bitumendachbahnen (billiger und einfacher) oder Wellplatten mit entsprechenden Dachnägeln aufbringt.

Die Abmessungen drei mal drei Meter sind günstig, da man sie ohne großen baulichen Aufwand nachträglich erweitern kann (also zusätzlich drei mal drei Meter). Zu beachten ist, dass die minimalste Grundfläche eines Weideunterstandes ähnlich der von Offenställen sein sollte (pro Pferd: 2 x Widerristhöhe zum Quadrat). Allerdings können bei einem Weideunterstand 10 Prozent abgezogen werden. Ein 1,50 Meter großer Araber benötigt also eine Grundfläche von zirka vier Quadratmetern ($2 \times 1{,}50^2 = 4{,}5$ minus 10 Prozent = 4 Quadratmeter). somit reichen drei x drei Meter Grundfläche zuzüglich einem Meter Überstand (zusammen zirka zwölf Quadratmeter) etwa für drei Pferde dieser Größe. Die Materialkosten für einen solchen Unterstand belaufen sich je nach Holzqualität auf zirka 500 Euro.

Mobile Alternativen

Der Trend der letzten Jahre hinsichtlich artgerechter Pferdehaltung hat eine Vielzahl von Weide-Pavillons, Mobil-Hütten und transportablen Weidedächern auf den Markt kommen lassen.

Mobil-Zelte oder auch Pferde-Pavillons werden inzwischen von vielen Herstellern angeboten. Diese Zelte bestehen meist aus einem verzinkten Stahlrohrtragwerk mit vier oder sechs Stützen und einer Dachplane aus Polyesterfaser, PVC-beschichtet. Als Erweiterung und Zubehör werden Seitenwände, Querversteifungen und Regenrinnen angeboten. Die Stützen werden am Boden auf flache Stahlfüße gesteckt, damit das Stahlrohr nicht in das Erdreich eindringen kann. Die Füße können zusätzlich mit Erdnägeln im Boden verankert werden, was bei Sturm wichtig ist, wenn Seitenwände eingezogen sind. Die Seitenwände sollten stets über Eck und gegen die Windrichtung angebracht werden, da sich sonst Luftverwirbelungen im Innern des Pavillons bilden können. Auf dem Markt sind

Transportable Weidedächer fügen sich durch ihre Unauffälligkeit harmonisch in das Landschaftsbild ein.

Viereck-Pavillons (vier mal vier Meter, fünf mal fünf Meter und sechs mal sechs Meter) sowie Sechseck-Pavillons mit Durchmessern von zirka acht und zehn Meter. Darüber hinaus werden Weidezelte (drei mal sechs Meter) mit unbegrenzten Erweiterungseinheiten (drei mal drei Meter) angeboten.

Transportable Weidedächer ohne Seitenwände bestehen aus vier Stützen und einem Trapezblechdach. Sie finden ihren Einsatz vor allem auf baumlosen Weiden, wo die Pferde sie im Hochsommer bei übermäßiger Sonneneinstrahlung aufsuchen. Es gibt sie in den Abmessungen 2,50 mal drei Meter, drei mal fünf Meter und vier mal vier Meter. Gegen Insekten, Sturm oder seitlich einfallende Niederschläge können Wind- beziehungsweise Fliegenschutznetze an drei Seiten eingezogen werden. So genannte Beschattungsnetze aus UV-stabilisiertem HD-Polyester, die mit Gurtbändern und elastischen Schlaufen an den oberen Enden von vier Stützen montiert werden, gehören ebenfalls zu den Weidedächern. Die Netze, die allerdings nur Schatten spenden und nicht vor Niederschlägen schützen, sind in den Maßen 4,50 mal vier Meter und sechs mal vier Meter erhältlich.

Horse-Sheds sind transportable, allseitig umschlossene Weidehütten aus glasfaserverstärktem

Kunststoff. Es gibt sie zurzeit in zwei Größen (2,80 mal 2,45 mal 2,35 Meter und 2,80 mal 3,65 mal 2,35 Meter) mit einem oder zwei Eingängen und in drei Grundfarben.

Fahrbare Weidehütten sind mittlerweile in vielen Größen und Ausführungen erhältlich. Allen gemein ist eine einziehbare Achse mit zwei Rädern (klappbar oder abnehmbar), die über ein Rahmentragwerk mit einer Anhängevorrichtung für PKW oder Traktor verbunden ist. Man kann sie daher schnell an (fast) jeden beliebigen Ort fahren. Eine fahrbare Weidehütte besitzt in der Regel keine Kfz-Zulassung und darf daher nur mit einer Höchstgeschwindigkeit von sechs Stundenkilometern gezogen werden. Fahrbare Weidehütten bestehen aus einem Rahmen mit verzinkten Stahl- oder Aluminiumprofilen und Seitenwänden aus verleimten Sperrholzplatten. Das Dach ist aus Trapezprofilblechen, in der einfachen Ausführung aus verzinktem Stahl und in der teuren Version aus Aluminium. Als Zubehör für die etwa 2,30 Meter breiten und zwei bis 2,40 Meter hohen Eingangsöffnungen werden Halb- oder Doppeltüren angeboten. Gegen Aufpreis gibt es Trennwände, die zwischen den beiden Eingangsöffnungen befestigt werden und den Innenraum halbieren. Auch klappbare Vordächer gibt es als Zubehör. Sie sind praktisch beim Putzen und Satteln der Pferde und eignen sich als Sonnenschutz, wenn es bei Hitze im Innern der Weidehütten zu stickig wird.

Der folgende Kasten gibt eine Übersicht gemittelter Preise pro Quadratmeter überdachte Fläche von mobilen Unterständen an:

Mobiler Unterstand	***Preis pro Quadratmeter überdachte Fläche***
Weidezelt/Pavillon	*100 EUR*
Gartenpavillon	*10 EUR*
Transportables Weidedach	*110 EUR*
Fahrbare Weidehütte	*200 EUR*
Tierhütte („Horse-Shed“)	*280 EUR*
Mobile Longierhalle	*80 EUR*
Gruppenunterstand	*170 EUR*

UMBAU:
bauliche Veränderungen bestehender Gebäude

In der Regel ist es einfacher, eine Genehmigung für eine Nutzungsänderung oder bauliche Veränderung eines bestehenden Gebäudes zu erhalten als für ein neues Stallgebäude. Vor Kauf oder Pacht eines solchen Gebäudes sollte man aber einige Kriterien prüfen:

- Die Fläche und der umbaute Raum muss für den geplanten Pferdestall ausreichend groß sein.
- Die Räume müssen eine ausreichende Höhe von mindestens drei Metern aufweisen.
- Bestehende Raumaufteilungen wie zum Beispiel nicht tragende Wände müssen sich ohne Probleme entfernen lassen können, damit Einzelboxen oder ein Einraumlaufstall sinnvoll eingebaut werden können.
- Sind genügend Öffnungen wie Fenster oder Türen vorhanden, um eine möglichst artgerechte Bauweise wie zum Beispiel Paddockboxen oder einen Offenstall ausführen zu können?
- Sind verhältnismäßig viele Bodenunebenheiten aus Beton, Vertiefungen (Kuh- und Schweinestall) oder Kellerabgänge vorhanden, die nur mit erheblichem Aufwand durch Stemmarbeiten beseitigt oder egalisiert werden können?

Schließlich sollte man die bestehende Bausubstanz durch einen Fachmann prüfen lassen: Dachdeckung, Decken, Wände, Stützen und der Zustand der technischen Einrichtungen wie Wasser- und Stromleitungen oder Steckdosen. Holzbauteile wie Stützen, Pfetten oder Sparren müssen auf ihre Stabilität und eventuelle Schäden wie Holzwurmbefall oder Fäulnis untersucht, Metallbauteile auf Durchrostung geprüft und der Dachaufbau mit Dachhaut auf Dichtheit begutachtet werden.

Auch diese Fragen muss der Fachmann klären: Können innen liegende, tragende und aussteifende Wände entfernt und durch Stützen mit Holz-, Beton- oder Stahlträgern ersetzt werden, um Räume großzügiger gestalten zu können? Sind Öffnungen in tragenden Außenwänden auszuführen?

Sind einige oder gar alle Punkte erfüllt, Planungs-, Landschafts-, Nutzungs- und nachbarschaftliche Auflagen und Vorgaben geklärt, der Bauantrag genehmigt und die Planung abgeschlossen, kann der Umbau in Angriff genommen werden. Er sollte kostengünstig, praktisch und gut durchdacht sein und das Ziel sollte in der Bauphase nicht verfehlt werden (Umbau für Gemeinschaftsboxen, Einraum-Laufstall, Gruppenauslaufstall, Innen-, Außen- oder Paddockboxen).

Öffnungen in tragenden Innenwänden lassen sich nicht ohne weiteres vergrößern und können zu Gefahrenquellen werden.

Vorgehensweise beim Umbau

Der erste Schritt ist die komplette Entrümpelung und das Entkernen des Gebäudes. Alle unwichtigen und störenden Bauteile wie Podeste, nicht tragende Mauern oder Raumteiler, Abgrenzungen, Einfassungen, Bodenbeläge und sonstige Einbauten sollten entfernt werden, wenn sie nicht zufällig in das neue Planungskonzept passen und später wieder neu aufgebaut werden müssten. Mögliche Gefahrenstellen wie vorstehende Fundamente oder Füße von Metallpfosten müssen ausgemacht und entschärft werden. Böden, Wände und Decken können dann mit einem Hochdruckreiniger oder Sandstrahlgerät gesäubert und desinfiziert und anschließend neu gekalkt (Hygiene, Insektenschutz) werden. Ziel muss es sein, einen möglichst großen und nicht unterteilten Raum mit egalisierter Bodenfläche zu bekommen, der gegebenenfalls nur durch Stützen gestört wird.

Eine weitere Maßnahme sind Durchbrüche in tragenden Außenwänden, um möglichst viel Licht und Luft zu bekommen beziehungsweise Außenboxen eventuell mit Paddocks oder Gruppenauslaufställe einrichten zu können, die in einem gesonderten Abschnitt behandelt werden. Danach können Bodenbeläge, Trennwände, Fressgitter oder Fressstände, Tränken und anderes Mobiliar eingebaut werden. Letzter Schritt ist das Anlegen der Außenflächen und deren Einfriedung.

Einen Sonderfall stellen landwirtschaftliche Maschinenhallen oder Maschinenschuppen dar, die entweder auf einer Seite bereits ganz offen sind oder deren Frontseiten große Tore haben, die komplett geöffnet werden können. Hier bietet sich die Nutzungsänderung zu Paddockboxen oder einem Gruppenauslaufstall mit großem Paddock ohne aufwendige bauliche Veränderungen an. Oftmals verfügen diese Gebäude auch über ausreichende Höhen (Mindesthöhe Kleinpferde 2,50 Meter und Großpferde drei Meter). Liegt der offene Bereich der Maschinenhalle auf der Wetterseite, können durch Holzverschalungen oder Windschutznetze kleinere Öffnungen hergestellt werden. Besteht die Bodenfläche der Maschinenhalle aus Naturboden, sollte man diesen so belassen und nur verdichten, wenn er sehr locker ist, und ihn schließlich mit zehn bis 20 Zentimeter gewaschenem Sand auffüllen, sodass der Boden des Innenbereichs über dem des Außenbereichs liegt und bei viel Niederschlag keine Vernässung droht.

Öffnungen in tragenden Außenwänden

Der Wunsch nach zusätzlichen Öffnungen in Stallgebäuden, um dunklen Innenräumen mehr Luft und Licht oder einen Zugang zu Paddocks zu ermöglichen, lässt sich in gemauerten Außenwänden sowie in Holzwänden gut realisieren, während das bei Fachwerkwänden nicht so einfach ist. Unter Anleitung eines Statikers kann man hierbei auch einiges in Eigenleistung durchführen und eine Menge Geld sparen.

Ein Laie sieht einer Wand normalerweise nicht an, welche statische Funktion sie in einem Gebäude erfüllt. Handelt es sich um eine tragende, eine aussteifende oder lediglich um eine nichttragende Trennwand, die nur durch ihr Eigengewicht beansprucht wird?

Wenn geplant ist, das Stallgebäude durch einen breiten oder mehrere Mauerdurchbrüche großzügiger zu gestalten, sollten diese Frage zunächst vom Statiker geklärt werden. Denn für die Standsicherheit eines Gebäudes ist das komplette Gefüge aus tragenden Wänden und aussteifenden De-

Dieser zu gering dimensionierte Türsturz aus Holz garantiert keine ausreichende Lastverteilung in die angrenzenden Wandbereiche.

Fachgerechter Außenwanddurchbruch mit Türsturz aus Beton (verputzt) und eingepasstem Stahlrahmen um die Doppeltür (Türlaibung).

Wanddurchbrüche in gemauerten Stallaußenwänden

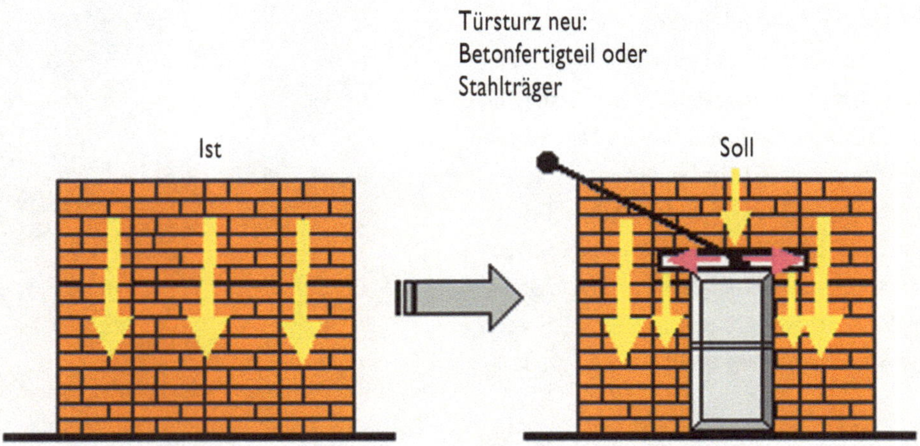

Gemauerte Außenwand: homogene Kraftverteilung im Mauerwerk

Gemauerte Außenwand: umgeleitete Kraftverteilung im Mauerwerk durch eine neue Türöffnung

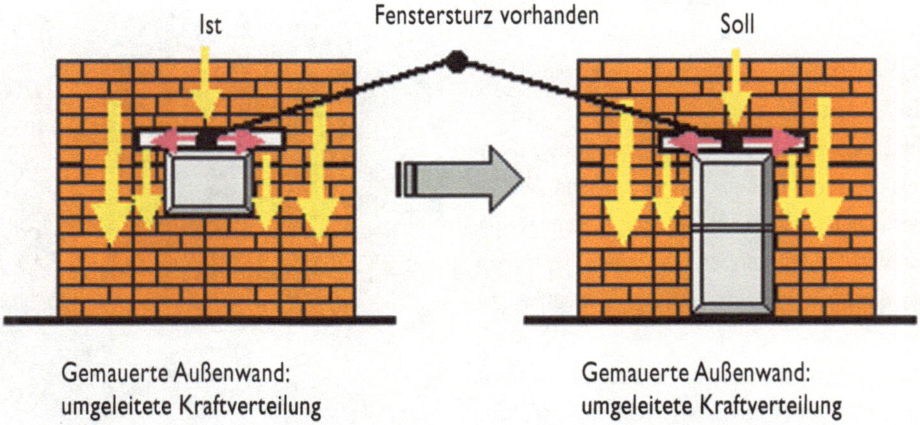

Gemauerte Außenwand: umgeleitete Kraftverteilung im Mauerwerk durch eine vorhandene Fensteröffnung

Gemauerte Außenwand: umgeleitete Kraftverteilung im Mauerwerk durch eine Verlängerung der Fensteröffnung zu einer Türöffnung

Außenwanddurchbruch im Fachwerk

cken und Wänden verantwortlich. Entfernt man einen dieser Bausteine, ohne ihn durch einen anderen zu ersetzen, besteht Einsturzgefahr. Der Architekt beziehungsweise Statiker rechnet genau aus, wie stark der so genannte Sturz über der geplanten Maueröffnung dimensioniert sein muss, damit dieser die darüber anfallenden Baulasten sicher auffängt und auf die angrenzenden Wände verteilt. Ist bereits ein Fenster in der Wand vorhanden und möchte man dieses Fenster nach unten „verlängern", um eine Tür daraus zu machen, kann auf einen zusätzlichen Türsturz verzichtet werden, da in aller Regel ja bereits ein Fenstersturz vorhanden ist, der die Kräfte in das umliegende Mauerwerk umleitet.

Vom Statiker erfährt man auch, welche provisorische Stützkonstruktion notwendig ist, um die Lasten für die Dauer der Abbrucharbeiten abzufangen.

Wenn Änderungen an der Statik des Stallgebäudes anstehen, hat auch die Baubehörde ein Wort mitzureden. Vor Beginn der Umbauarbeiten sollte man sich daher erkundigen, ob eine Baugenehmigung benötigt wird oder ob eventuell eine Bauanzeige ausreicht. Weiterhin ist in der Planungsphase zu prüfen, ob Elektro- oder Wasserleitungen in der Wand verlaufen. Wenn das der Fall ist, müssen diese vorher unbedingt fachgerecht stillgelegt oder neu verlegt werden.

Auch die Frage der Bauschutt-Entsorgung sollte geklärt sein, bevor der Abbruchhammer oder die Mauerwerkschneidegeräte in Aktion treten. Bei gängigen Stalltür- oder Fensteröffnungen wird man in der Regel auf vorgefertigte Stürze zurückgreifen. Es handelt sich hierbei meist um stahlarmierte Beton-Elemente, die man beim Baustoffhändler erstehen kann. Für breitere Maueröffnungen sind Stahlträger eine Alternative. Schließlich können nicht beliebig viele Durchbrüche in eine tragende Außenwand durchgeführt werden und die Öffnungen müssen einen bestimmten Mindestabstand von Wandecken besitzen. Näheres regelt die DIN 1053 „Mauerwerk, Berechnung und Ausführung", die bei Patentämtern oder beim Fachausschuss DIN-Normen erhältlich ist.

Bei Durchbrüchen in Holzaußenwänden kommt es auf die Bauweise der Holzkonstruktion an. Werden die Lasten über eine Holzstützenkonstruktion abgefangen und die Wand selbst besteht aus einer nichttragenden Holzverschalung, kann diese ohne weiteres entfernt und die entsprechende Öffnung für ein Fenster oder eine Tür herausgesägt werden. Dabei dürfen aber keine aussteifenden, schrägen Holzbalken entfernt werden, denn sie sind ein wesentlicher Bestandteil der Holzstützenkonstruktion.

Schwieriger sind Öffnungen in tragenden Holzbalkenkonstruktionen oder Wänden aus Rundhölzern herzustellen. Denn dann sind die Holzverschalungen gleichzeitig tragende Wände. Hier muss wiederum der Statiker eingeschaltet werden, der sich Gedanken über die Umleitung der Kräfte macht und Lösungen vorschlägt.

Bei Öffnungen in einer Fachwerkwand verhält es sich ähnlich wie bei tragenden Holzbalkenkonstruktionen. Es dürfen keine schrägen Elemente herausgenommen werden, da sie für die Querversteifung sorgen.

BAUSTOFFE,
Wärmedämmung und Stallklima, Be- und Entlüftung

Die richtige Wahl von Baustoffen, Art und Typ einer eventuell notwendigen Wärmedämmung und eine umfassende Frischluftbewegung sind beim Neu- und Umbau eines Pferdestalls für ein gesundes Stallklima von großer Bedeutung. Während diese drei Komponenten in der Fertigbauweise in den meisten Fällen gut aufeinander abgestimmt sind, führen Fehler bei neu erstellten Massivbauställen nicht selten zu einem ungünstigen, wenn nicht sogar gesundheitsschädlichen Stallklima. Auch beim Umbau und besonders bei gravierenden Nutzungsänderungen von zum Beispiel Lagerraum in einen Pferdestall werden nicht selten Baustoffe und Bauweisen verwendet, die ohne Veränderung oder Verbesserung ein vernünftiges Stallklima erst gar nicht zulassen.

Für das Stallklima ungünstige Faktoren sind die Bildung von Kondens- beziehungsweise Schwitzwasser an Wänden und Decken (feuchte Luft, Pilzbefall), Kältebrücken an Baustoffen (Frostschäden), fehlende oder unpraktische Fenster- und Raumöffnungen mit ungenügendem Luft- und Lichteintritt, was schlechte, schadstoffbelastete Luft, Staubentwicklung, fehlende Helligkeit, spektrale Qualität des eintretenden Lichts und Intensität der Lichtstrahlen zur Folge hat.

Alle diese das Stallklima schädigenden Einflüsse bestehen in der Regel nur in geschlossenen Stallungen und entfallen weitgehend bei der offenen Bauweise. Inzwischen hat sich die Erkenntnis durchgesetzt, dass der so genannte Warmstall mit konstanten Innentemperaturen von 10 bis 15° Celsius nicht die ideale Lösung ist, denn Pferde erbringen ihre Leistungen hauptsächlich im Außenbereich oder in ungeheizten Reithallen, wo sie ständig den schwankenden Umweltbedingungen ausgesetzt sind. Deshalb sollte das Stallklima unbedingt an das Außenklima angeglichen werden. Im Offenstall oder der Paddockbox wirken wenngleich abgemildert die gleichen Klimareize wie draußen auf die Tiere ein, was sich günstig auf ihre Widerstandsfähigkeit auswirkt.

Baustoffe

Die Baustoffe sollten nicht nur in ihrer Kombination miteinander abgestimmt werden und zueinander passen, sondern es müssen auch folgende Kriterien beachtet werden: Aussehen, Verarbeitungsmöglichkeit, Preis, Anspruch der Pferde und der Pfleger sowie die Wünsche des Erbauers.

Teerölimprägnierte Hölzer dürfen im Stall und auf dem Paddock nicht mehr verwendet werden!

Der universalste Baustoff im Pferdestallbau ist Holz. Holz vereinigt wie kaum ein anderes Material viele das Stallklima begünstigende Eigenschaften wie Wärmedämmung, Atmungsaktivität, Feuchtigkeitsregulierung, aber auch sehr gute Bearbeitung und optische Vorteile. Nachteilig sind Verbissanfälligkeit beim direkten Kontakt mit den Pferden und im Verhältnis zu massiven Baustoffen die geringere Lebensdauer. Der Einsatz von Holz ist darüber hinaus vielschichtig. Er reicht von tragenden Bauteilen über Wand- und Deckenverschalungen bis hin zur Inneneinrichtung.

Imprägniertes Holz im Pferdestallbau

Die Verwendung von imprägniertem Holz in Außenbereichen ist beim Stallbau weit verbreitet. Während salzhaltige und kesseldruckimprägnierte Hölzer unter Umständen im Zaunbau verwendet werden könnten, ist die Verwendung von teerölhaltigen Hölzern grundsätzlich abzulehnen. Bereits seit etwa 150 Jahren werden Teeröle beim Holzschutz verwendet. Diese Teerölpräparate, auch Carbolineen genannt, bestehen vornehmlich aus Steinkohlenteeröl (aromatischen Kohlenwasserstoffen, zirka 500 Verbindungen mit 10.000 verschiedenen Inhaltsstoffen) und gelten als schwer gesundheitsschädlich. Teerölimprägnierte Hölzer wie Leitungsmasten (Strom- und Telefonmasten), Eisenbahnschwellen, Holzpfähle und Riegelhölzer dürfen inzwischen überhaupt nicht mehr verwendet werden.

Hölzer wie Fichte und Kiefer werden unter Beigabe von Salzen und unter hohem Druck kesseldruckimprägniert. Solche Salze sind CK-Salze (Chromat-Kupfer-Salz-Zubereitungen), die Ansätze von Arsen (CKA-Salze), Bor (CKB-Salze) oder Fluor (CKF-Salze) enthalten können. Diese Salze werden vorwiegend für Holz mit Erd- oder Wasserkontakt verwendet, sind ebenfalls toxisch und in Wasserschutzzonen I und II verboten.

Die folgende Tabelle zeigt die jeweiligen Verwendungszwecke von Baumaterialien im Pferdestallbau.

Tabelle 3:
Baustoffe und ihre Eignung im Pferdestallbau

	Baustoffe	Eignung, Besonderheiten
Außen- und Zwischenwände, Schwerbaustoffe	Leichthohllochziegel	Besitzen eingeschlossene Luftporen mit guter Wärmedämmung
	Bimsbetonsteine Leichtbetonsteine	Aus Sand/Beton mit porigen, wärmedämmenden Zuschlägen (Bims/Blähbeton); versch. Formate. Größere Lochsteine (hoher Lochanteil) sind Hohlblocksteine.
	Hohlziegel, Lochziegel	Durch Luftblasen bessere Isolierung; höherer Lochanteil, niedrigeres Gewicht; bessere Wärmedämmung vermischt mit Styrolperlen oder Holzspänen
	Ziegelsteine, Vollziegel	Hohes Gewicht, Kleinformat, gute Verarbeitung; schlecht wärme- und gut schalldämmend, widerstandsfähig gegen schädliche Umwelteinflüsse
	Kalksandstein	Als unverputztes Sichtmauerwerk; exakte Abmessungen, genaues Einhalten von Maßen möglich; schwer, gut schalldämmend
	Beton, Betonsteine	tragende Wände, Decken, Fundamente, Lagerbehälter, Dungstätteneinfassung; schlechte Wärmedämmung, Kältebrücken, Schwitzwasser
	Natur-, Bruchstein	geringste Wärmedämmung, Altbauten
Leichtbaustoffe Holz	Nadelholz	Fichte, Kiefer, Tanne: universales Bauholz
	Eichenholz	schwer entflammbar, feuchtigkeitsbeständig; Einsatz dort, wo Feuchtigkeitseinwirkungen stattfinden: Pfosten, Türen, Tore, Öffnungen
	Lärchenholz	höhere Ansprüche als Nadelholz; Einsatz bei Fensterrahmen, Türverschläge
	Schnitthölzer	Bauhölzer geschnitten: Bohlen, Latten, Kanthölzer, Schwarten, Profil- und Schalbretter, Balken, Pfosten, Pfetten, Sparren
	Rundhölzer	Rundstangen, Halbstangen: preiswert, tragfähig; Einsatz bei tragenden Konstruktionen, Trennwände, Fressstände, Zäune, Koppeltore
Platten	Sperrholz- und Spanholzplatten	Sperrholzverschalungen: Türen/Tore, Boxentrennwände, Inneneinrichtung; Stärken von 8 bis 21 mm (Trennwände mind. 25 mm!); Spanplatten im Pferdestall nur spezialverleimt, feuchtigkeitsbeständig, pilzbefallgeschützt; Einsatz für Dachverschalungen, Bodenauflagen; Plattenstärken 5 bis 35 mm

Tabelle 3 Fortsetzung

Baustoffe und ihre Eignung im Pferdestallbau

	Baustoffe	Eignung, Besonderheiten
Wärme- und Schalldämmung	Mineralfaserplatten	mit Alufolie; gute Verarbeitung; Ersatz für frühere Glaswolle
	Kunstschaum-stoffplatten	Styropor; wenig feuerfest; bessere Verarbeitung; unter Schalung mit Dampfsperre verlegt
	Styrofoam, Styrodur	glatte, steife, dampfdichte Platten, genagelt, Nut/Feder-Verbindung; nicht direkt an Außenflächen verlegen
	Strohplatten (Stramit)	Dämmung von Stalldecken, atmungsaktiv, brandsicher, tragfähig; Hinterlüftung notwendig
	Isotex WD-Platten	zwischen zwei Heraklithschichten einen Styroporkern und mit PVC-Folie beschichtet
Dachdeckung	Dachziegel	Schiefer- und Tondachziegel, preiswert, haltbar, pflegeleicht, hohes Gewicht, geringe Dachspannweiten
	Asphaltschindeln	relativ teuer, auf Dachschalung aufgenagelt, leicht, auf flachen Dächern dicht in Verbindung mit Bitumenpappe
	Bitumenwellpappe	preiswert, leicht, einfach zu verlegen; Zubehör Lichtplatten, Firstplatten, Anschlussprofile
	Leichtmetallprofilbleche	leicht, tragfähig, witterungsbeständig, regional z.T. nicht erlaubt; einfache Montage; Geräuschbildung bei Hagel/starkem Regen
	Dachpappe	auf Vollschalung; Anwendung bei Flach-/Pultdächern unter 10 % Neigung, bei heißer Verklebung 10 Jahre Haltbarkeit
Glas	Einfachglas	kaum geeignet; bricht schnell, Wärmeverluste, Kondenswasserbildung
	Drahtglas	teuer, sicher, Nachteil lichthemmend
	Kunststoff-Lichtplatten	ein- und zweischalig; bruchsicher, lassen viel Licht durch; hohe Wärmedämmung; gut zu bearbeiten, witterungsbeständig
	Kunststofffolien	PE/PVC, provisorischer Einsatz für Lichtbänder im Offenstall

Wärmedämmung und Stallklima

Eine Wärmedämmung ist nur in geschlossenen Stallungen notwendig. Mit ihr regelt man Temperatur (Wärmehaushalt, Wärmebilanz), Schwitzwasserbildung an Wänden, Decken und anderen Bauteilen (Oberflächenkondensat auf Baustoffen und Kernkondensat in Baustoffen) und Verhinderung von Frostbildung (Kältebrücken). Da diese Thematik sehr umfangreich, zugleich aber in Bezug auf ein gesundes Stallklima durch die offene Stallhaltung von untergeordnetem Interesse ist, werden an dieser Stelle nur grundlegende Aussagen zur Wärmedämmung aufgezeigt:

- Um eine Kondenswasserbildung im Innern von Baustoffen (Kernkondensat) und Frostschäden durch Kältebrücken zu verhindern, muss das am stärksten wärmegedämmte Material außen angeordnet werden, also neue oder zusätzliche Wärmedämmung an der Außen-, nicht an der Innenwand!
- Zur Regulierung der Innen- und Außenfeuchtigkeit muss die Durchlässigkeit von Wasserdampf in den Bauteilen nach außen hin zunehmen, also keine „Dampfsperre" auf der Innenwand anordnen!
- Erhöhten Wärmeverlusten bei Fenstern sowie der Bildung von Kältebrücken (Frostschäden) kann durch Isolierverglasung, Holz- und Kunststoffrahmen vor Metall- oder Betonrahmen entgegengewirkt werden

Die Grafik zeigt das Verhältnis zwischen Wärmedämmung und Materialdicken verschiedener Baustoffe. Sie soll zur Anschauung nur deutlich machen, dass zum Beispiel eine 75 Zentimeter dikke Betonwand (hypothetisch, eine solche Wand gibt es nicht) den gleichen Wärmedurchgangswert hätte wie eine 13 Zentimeter starke Wand aus Fichtenholz oder zwei Zentimeter Mineralfaserdämmstoff.

Wandstärke bei gleicher Wärmedämmung

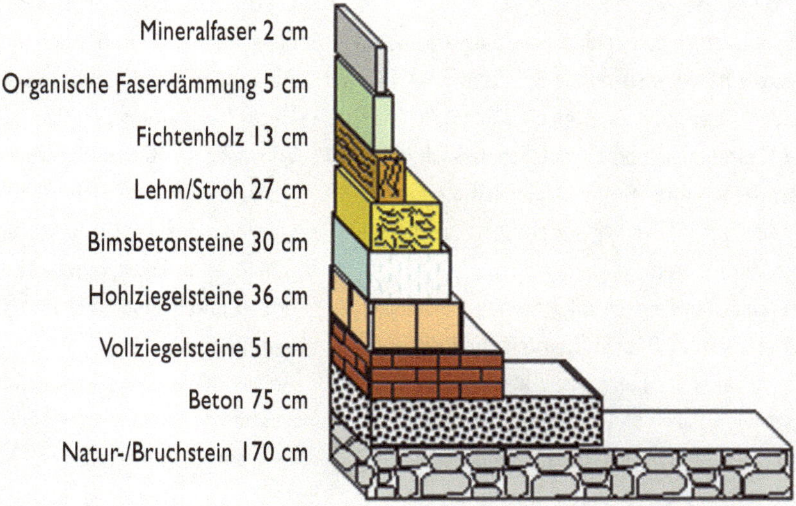

Be- und Entlüftung

In einem Pferdestall – gleich ob geschlossenes oder offenes Stallsystem – muss grundsätzlich ein Abtransport der verbrauchten Luft nach außen und ein Zustrom frischer Luft nach innen gewährleistet sein. Dem enormen Frischluftbedarf eines Pferdes von 5000 Kubikmetern am Tag muss also durch ein gut funktionierendes Luftaustauschsystem im Stall Rechnung getragen werden. Während in einer offenen Stallhaltung aufgrund der entsprechend großen, ständig offenen Stalltüren und Fenster ein ausreichender Luftaustausch stattfinden kann, ist eine ausreichende Versorgung mit Frischluft in einem geschlossenen Stall durch bauliche Maßnahmen nicht so einfach zu bewerkstelligen.

Wichtig:

- Geringflächige, schnelle und kalte Luftströmungen auf den Pferdekörper (Durchzug) vermeiden, weil dann der Thermoregulationsmechanismus des Pferdes nicht aktiviert wird.
- Die Luftgeschwindigkeit im Innenraum darf im Winter nicht mehr als 0,2 Meter pro Sekunde und im Sommer maximal 0,6 Meter pro Sekunde betragen.

Grundsätzlich gibt es drei Belüftungsarten: zum einen die häufig vorhandene Belüftung über Fenster und Türen, zum Zweiten eine sich durch bauliche Maßnahmen entwickelnde Schwerkraftlüftung (thermische Lüftung) und schließlich die künstliche Belüftung (Zwangs- oder Druckbelüftung) durch Ventilatoren.

Bei einer Tür-Fenster- oder Fenster-Fenster-Lüftung erfolgt der Frischlufteintritt und der Luftaustritt – also der Luftaustausch – einzig über die Fenster und Türen und ist abhängig von der Größe der offenen Flächen. Diese Standardbelüftung in einem geschlossenen Stall ist nur bei geringer Anzahl der im Stall stehenden Pferde ausreichend. Bei größerem Pferdebestand in geschlossener Stallhaltung müssen zusätzliche bauliche Maßnahmen für eine Schwerkraftlüftung (Schachtlüftung, Trauf-First-Lüftung) getroffen werden. Eine ausreichende Luftzufuhr findet bei dieser Lüftungsart durch einen Temperaturunterschied zwischen Innen- und Außentemperatur statt, weil die leichtere und wärmere Luftschicht im Innenbereich nach oben steigt und die kältere und frische Luft von außen automatisch nach sich zieht, was den Luftaustausch bewirkt. Ist die Temperatur innen und außen gleich, zudem wenig Windbewegung, und werden nachts obendrein die Fenster- und Türöffnungen verringert oder geschlossen, tritt im Stall ein Luftdefizit ein. Diesen Zustand kennt jeder, der morgens schon einmal einen solchen Stall betreten hat, wo ihm die verbrauchte Stallluft ins Gesicht schlug.

Für diesen Fall muss zusätzlich oder alleinig eine Druck- beziehungsweise Ventilatorenlüftung eingebaut werden. Dabei unterscheidet man in

- Gleichdrucklüftung (Ventilatoren an Zuluftöffnungen im unteren Bereich und an Abluftöffnungen im oberen Bereich des Stalls)
- Unterdrucklüftung (Ventilatoren an den Abluftöffnungen im oberen Bereich ziehen frische Luft aus Fenstern und Türen nach sich) und
- Überdrucklüftung (Ventilatoren an den Zuluftöffnungen drücken Frischluft herein, die Abluft erfolgt durch First- oder Traufenöffnungen ohne Ventilatoren)

Aber nicht nur ein ausreichender Luftaustausch insgesamt ist für eine gute Stallluft wichtig, sondern auch die Luftverteilung im Innere der Boxen. Besonders entscheidend ist der Luftaustausch in

Eingelassene Luftschlitze in Boxentüren verbessern die Luftbewegung im Stall.

unmittelbarer Bodennähe der Einstreu, damit schädigende Gase, Geruchsstoffe und Feuchtigkeit mit dem Luftstrom aufgenommen und abtransportiert werden können. Deshalb ist der Einbau von Luftschlitzen am Boden der Boxentrennwände oder Boxentüren unerlässlich.

In der folgenden Grafik werden einige der Lüftungssysteme zeichnerisch vorgestellt und eine Bewertung vorgenommen. Den effektivsten Luftaustausch bilden dabei die Boden-Fenster-Lüftung (Offenstall) und die Drucklüftung (Ventilatoren), weniger gut sind Traufen-First-Lüftungen (Schwerkraftlüftung) und Fenster-Fenster-Lüftung. Dabei kommt es aber auch auf den Pferdebestand, den umbauten Raum (Raumvolumen) und andere Besonderheiten wie zum Beispiel ein vermehrtes Windaufkommen bei Ställen in Seenähe oder freien Höhenlagen an.

Schwerkraft- und Drucklüftungen

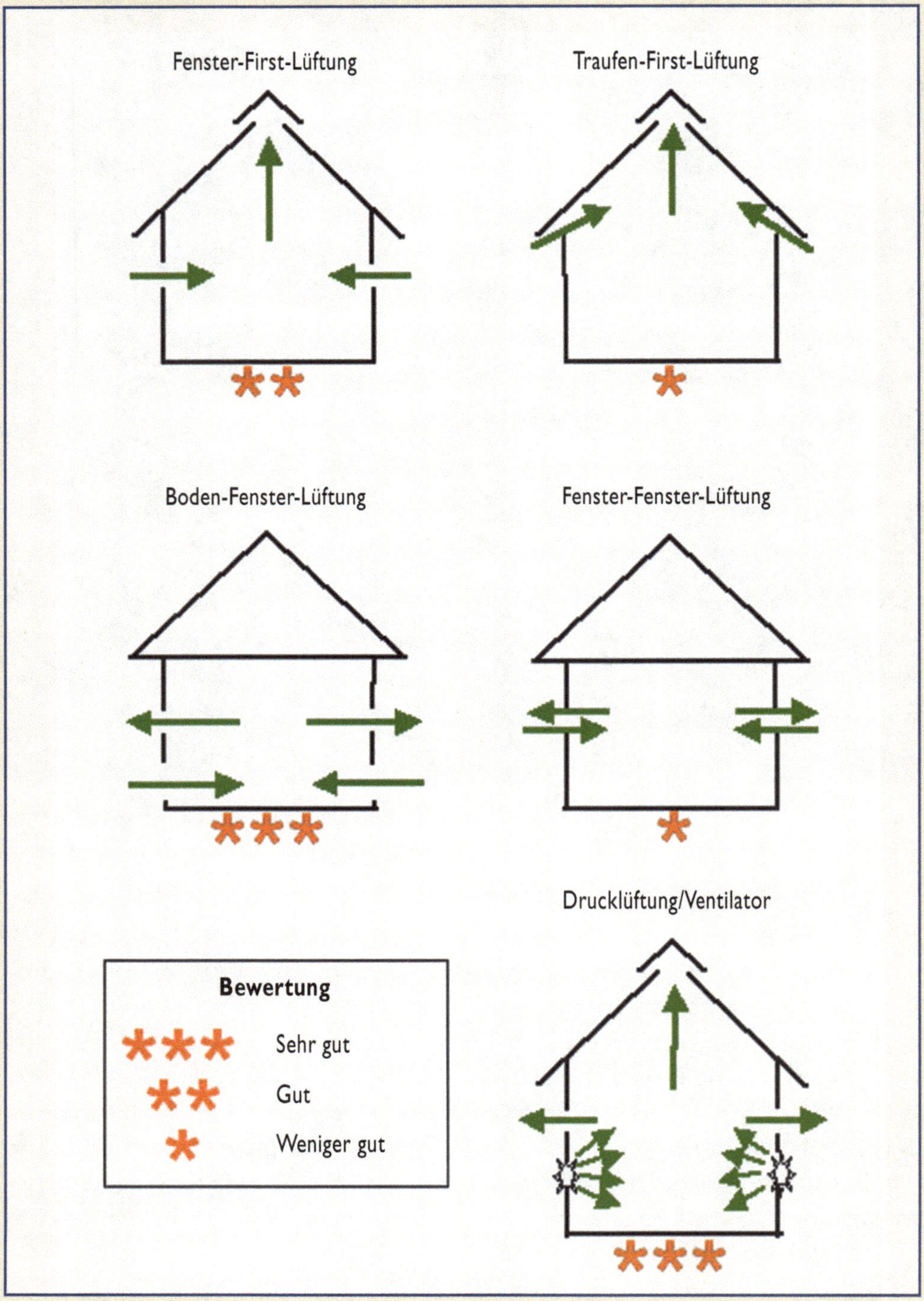

INNEN- und AUSSENEINRICHTUNG, Mobilar

Zur Innen- und Außeneinrichtung sowie zum Mobiliar von Pferdeställen zählen neben Wasser- und Stromanschlüssen Trennwände, Fenster und Türen mit Verschlüssen, Fressvorrichtungen und Tränken, Streifenvorhänge und Windschutznetze, Verbissschutz, Brandschutz, Anbindevorrichtungen und vieles mehr. Alle Einrichtungs- und Zubehörteile müssen unbedingt verletzungssicher sowie praktisch zu handhaben sein. Die Preise sind je nach Qualität des Zubehörs sehr unterschiedlich. Mit solide verarbeiteter Ware fährt man letztlich jedoch günstiger, weil sie in der Regel länger hält.

Tabelle 4 zeigt eine Übersicht der gängigen Trennwände, Türen, Krippen und Tränken im Pferdestallinnenausbau mit ihren Abmessungen und Mindestvoraussetzungen.

Tabelle 4

Mindestanforderungen Trennwände, Türen, Krippen und Tränken im Innenstall

	Mindestmaß Großpferd	**Mindestmaß Kleinpferd**	**Sonstiges**
Trennwandhöhe	2,20-2,40 m	1,80-2,00 m	untere Teil geschlossen (Holzwand) mindestens 1,30 m Höhe (Ponys 1,10 m), darüber Gitter oder offen
Türhöhe ganz	2,40 m	2,20 m	Führungsschiene von Schiebetüren gegen Ausheben sichern
Türhöhe halb	1,30 m	1,10 m	Vorteil: Pferde können in die Stallgasse schauen
Türbreite	1,20 m	1,20 m	sollte immer eingehalten werden!
Außentür	mindestens 1,20 m	mindestens 1,20 m	Gesamthöhe 2,50 m; untere Türklappe mindestens 1,30 m, obere Klappenhöhe 1,20 m
Futtertrog, Krippen	Höhe: 60 cm (Sohle) 85-100 cm (Rand)	Höhe: 45 cm (Sohle) 60-80 cm (Rand)	zur Aufnahme des Kraftfutters; muldenförmig, überstehende, abgerundete Ränder (kein Futterauswurf); Anordnung in Ecken; eher niedrig anordnen (physiologisch günstige Fresshaltung, Speichelproduktion); Futterluken (nach außen) maximal 17 cm Höhe, bei Ponys 13 cm.

Tabelle 4 Fortsetzung

Mindestanforderungen Trennwände, Türen, Krippen und Tränken im Innenstall

	Mindestmaß Großpferd	Mindestmaß Kleinpferd	Sonstiges
Heuraufen	Keine Hochraufen! Raufutter vom Boden aufnehmen lassen; in Laufställen Netzraufen oder Holz- bzw. Metallsprossenraufen verwenden; Fressgitterraufen in Gemeinschaftsboxen: Höhe mindestens 200 cm, Gitterstärke 50 mm, Gitterabstände lichte Weite 30 bis 35 cm.		
Tränke	Höhe ca. 1 m	Höhe ca. 0,8 m	in Entfernung vom Futtertrog anbringen (wegen Verschmutzung; „Eintauchen“, Speichel); in offenen Stallsystemen frostsichere Tränken verwenden.
Abstände Gitter, Fugen, Stoß im Bodenbereich	maximal 5 cm, bei Fohlen 2 cm	maximal 5 cm, bei Fohlen 2 cm	Vermeidung von Verletzungen, Hängenbleiben der Hufe
Abstände Gitterstäbe im Kopfbereich	0-17 cm oder 35-40 cm	0-13 cm oder 30-35 cm	Zu vermeiden sind Abstände im Kopfbereich beim Großpferd zwischen 17 und 35 cm und beim Kleinpferd zwischen 13 und 30 cm, damit der Kopf entweder nicht durchgesteckt oder ohne Gefahr zurückgezogen werden kann
Luftöffnungen in Trennwand	maximal 5 cm lichter Abstand	maximal 5 cm lichter Abstand	Zur Verbesserung der Luftbewegung; eingefräst in Holzwand/-bohlen oder senkrechte Gitter
Mindeststärke Rohre/Gitter	Durchmesser DN 20: 26,9 mm; Wandstärken mindestens 2,65 mm; Zwischenabstand maximal 50 mm	Durchmesser DN 20: 26,9 mm; Wandstärken mindestens 2,65 mm; Zwischenabstand maximal 50 mm	Die Deutsche Norm 2040 schreibt die nebenstehenden Mindestmaterialstärken vor, damit keine Bruchgefahr besteht
Mindeststärke Holzwände	Hartholzbohlen mindestens 40 mm; Sperr-/Spanholzplatten mindestens 25 mm	Hartholzbohlen mindestens 40 mm; Sperr-/Spanholzplatten mindestens 25 mm	Zur Verwendung kommen Hartholzbohlen aus Lärche, Eiche, Robinie; senkrechte oder waagrechte Bretter in U-Stahlprofilen, einzeln austauschbar
Mindeststärke Mauerwand	mindestens eine Lage (24 cm)	mindestens eine Lage (24 cm)	um ausreichend Stabilität gegen Schlag zu erhalten, sind die Mauersteine quer, nicht längs anzuordnen
Schlösser	keine herausstehenden Boxenverschlüsse, sondern zum Beispiel versenkte Riegel verwenden		

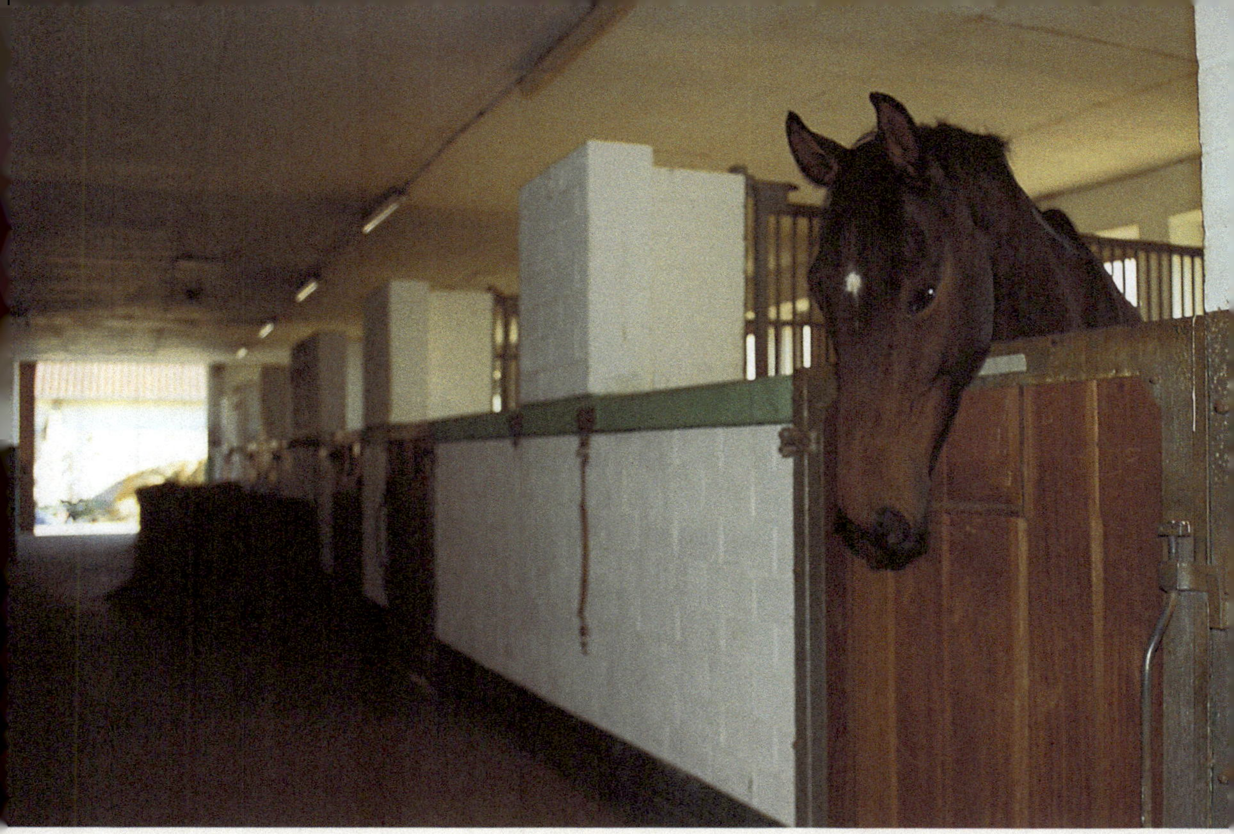

Unvergitterte Frontseiten erweitern die Bewegungsfreiheit und das Blickfeld der Pferde.

Frostsichere Tränken in offenen Stallsystemen sollten immer isolierte Zuleitungen besitzen.

Mit Panelsystemen lassen sich Raumaufteilungen im Innenstall flexibel gestalten.

Trennwände aus Panels

Eine Besonderheit stellen mobile Trennwände aus Panel-Systemen dar. Panels sind Felder aus oberflächenbehandelten ovalen oder runden Stahlrohren. Mit den 3,00 beziehungsweise 3,60 Meter langen Elementen lassen sich sowohl Kleinsteinfriedungen im Außenbereich (Einzelpaddocks) als auch Trennwände in Innenräumen erstellen. Das durchdachte Baukastensystem bietet die Möglichkeit variabler Boxenaufteilung in Scheunen oder dreiseitig umschlossenen, überdachten Geräte- und Maschinenhallen. Die Kosten von Panelsystemen einschließlich Toren und Türen belaufen sich auf etwa 45 Euro pro Meter, also für eine Innenbox mit drei Panelseiten und den Maßen 3,60 mal 3,60 Meter zirka 490 Euro.

Vorsicht Unfallgefahr!

Eine Züchterin hatte wegen Aufgabe der Landwirtschaft den benachbarten Kuhstall des Vaters bekommen und ihn zum Pferdestall ausgebaut. Sie wählte Paneltore für die Frontseiten und baute Holzwände als Trennwände ein. Dabei bildete sich zwischen dem Stahlrahmen der Holzwände und dem Paneltor ein zirka zehn Zentimeter breiter Spalt, der einen Araberjährling das Leben kostete, weil sich – vermutlich beim Liegen – ein Huf in diesen Spalt so verkeilt hatte, dass das Pferd sich beim Befreiungsversuch das Bein brach.

Robust gebaute Fressstände aus unbehandelten Rundhölzern garantieren den Pferden eine stressfreie Futteraufnahme.

Fütterungseinrichtungen

Während bei der Einzelhaltung Pferde individuell gefüttert werden können, müssen bei der Gruppenhaltung Vorkehrungen getroffen werden, die Auseinandersetzungen durch Futterneid verhindern und den Pferden eine stresslose Futteraufnahme gewährleisten. In Innenbucht- oder Einraum-Laufställen kann man dies durch so genannte Fressgitterbuchten oder auch Durchfressgitter realisieren (Abmessungen siehe Tabelle 4).

Fressstände können im Offenstall sowohl im Innenbereich als auch im Außenbereich (Paddock) mit fester oder mobiler Überdachung beispielsweise durch mobile Car-Ports mit PVC-Dach und Stahlrohrrahmen angeordnet werden. Sie haben gegenüber Fressgitterbuchten oder Raufen den Vorteil der individuellen Rau- und Kraftfuttervergabe und verhindern Streit. Die Trennwände aus Holz (Bohlen, Schalhölzer) sollten so stabil sein wie Boxentrennwände. Bei der Frage, ob die Trennwände geschlossen sein sollen oder schmale Öffnungen haben müssen, um Blickkontakt zu ermöglichen, scheiden sich die Geister. Die einen sagen, geschlossene Wände führten bei der Nahrungsaufnahme besonders bei rangniedrigen Pferden zu Unruhe, hastigem Fressen und häufigem Verlassen der Stände, andere Meinungen gestehen geschlossenen Zwischenwänden ein stressloses Fressen zu. Die Abmessungen von Fressständen müssen sein:

- Länge für einen vollständigen Schutz 2,80 bis 3,20 Meter
- Höhe (obere Querlattung): mindestens 2,00 Meter
- lichte Breite der einzelnen Stände mindestens 0,80 Meter
- Höhe der Zwischenwände über dem Boden zirka 0,50 Meter
- Blickkontaktöffnungen in den Seitenwänden 10 bis 12 Zentimeter
- Die Höhe der Krippenoberkante sollte die Höhe des Buggelenkes nicht überschreiten (0,85 bis 1,05 Meter)
- Querstange aus Holz oder Metall zum Schließen der Futterstände außerhalb der Fresszeiten

Die Materialkosten von Fressständen richten sich nach der Bauart. Für Fressstände im Innenbereich mit Stahlprofilen und deren Einbindung in den Boden muss mehr veranschlagt werden als für solche im Außenbereich, wo Holzstützen verwendet werden können, die eingegraben werden. Das Material für einen Außenfutterstand beläuft sich für vier Stände auf etwa 500 Euro ohne Überdachung.

Zur Raufutteraufnahme im Innen- wie auch im Außenbereich eignen sich Raufen. Es gibt sie als Viereckraufen, Großballenraufen und Rundraufen mit und ohne Überdachung komplett in feuerverzinkter Stahlbauweise oder Holzbauweise (Rund- oder Sechseckraufen aus Holz) mit Dach zu kaufen. Raufen aus Holz kann man auch selbst bauen (Überdachung durch mobile Pferdepavillons).

Raufen eignen sich aber nur für Pferdegruppen, die sich gut verstehen und keinen übermäßigen Futterneid entwickeln. Nachteilig sind die hygienischen Bedingungen. Werden die Raufen nicht regelmäßig und gründlich gesäubert, bilden sich Feuchtigkeit, Schimmel oder im Sommer viel Staub, der dann beim Fressen ständig eingeatmet wird und bei so genannten Stauballergikern zu gesundheitlichen Beeinträchtigungen führen kann.

Anbindevorrichtungen

Für das sichere Anbinden im Stall sollte man Anbinderinge aus Metall verwenden, die fest verschraubt und so angebracht werden, dass sie nicht im Weg sind. Für das Anbinden im Freien eignen sich solide Holzbalken, um die man die Stricke entweder direkt oder an einem zusätzlich angebrachten Anbindering befestigen kann.

Streifenvorhänge

Türen von Außenboxen mit Einzelpaddocks oder Eingänge von Offenställen und Unterständen können zum Schutz vor Wind und Insekten mit Streifenvorhängen aus durchsichtigem Kunststoff ausgerüstet werden. Die Idee stammt aus der Industrie, wo die Ein- und Ausgänge zum Beispiel von Lagerhallen geschlossen, aber von Gabelstaplern durchfahrbar sein sollen. Es gibt sie in verschiedenen Längen und Materialstärken im Pferdefachhandel zu kaufen. Wesentlich preiswerter sind sie allerdings über den Industriehandel zu bekommen. Schmalere, leichte Streifenvorhänge,

Streifenvorhänge schützen vor Insekten und Zugluft, weniger gegen Kälte.

die immer überlappend angeordnet werden sollten, werden von den Pferden besser angenommen. Bei viel Wind können diese allerdings flattern und im Stall für Unruhe sorgen. Besser sind breitere, schwere Streifen, auch wenn sich die Pferde beim Hindurchgehen länger daran gewöhnen müssen.

Bevor man allerdings von Anfang an für jede Tür einen Streifenvorhang kauft (zirka 120 Euro pro Tür), sollte man zuerst bei verschiedenen Windrichtungen die Luftströmung und -verwirbelung im Stall und der Stalltür beobachten. Denn die Praxis hat gezeigt, dass einige der Streifenvorhänge das ganze Jahr über unbenutzt nach oben aufgerollt bleiben und dann nur noch als teure Staubfänger dienen.

Windschutznetze

Windschutznetze werden in großflächigen Öffnungen von Reithallen ohne Wandverschalungen, in Offenställen oder Unterständen, die keine festen Außenwände haben dürfen, eingesetzt, damit besonders an den Wetterseiten der Luftstrom

Windschutznetze brechen den Wind und sorgen für frische Luft im Stall.

gebrochen und der Wind gebremst wird, gleichzeitig aber eine ausreichende Frischluftzufuhr sicher gestellt ist.

Sie können auch in freien Außenbereichen (Paddocks, Laufflächen) an der Seite angeordnet werden, wo ein ständiger Windeinfall stattfindet. Da diese Netze nahezu durchsichtig sind, gewährleisten sie natürliche Lichtverhältnisse und einen Rundumblick für die Pferde. Es gibt sie in der Grundausführung (Kreuzverband einfach) oder als Hochleistungsnetz (zweifacher Kreuzverband), fest installiert (große, offene Gebäudeseiten, Reithallen) oder abnehmbar (Spannpanelen), als Rolltor- und Vorhang-Systeme für kleinere Öffnungen. Die Kosten belaufen sich bei Spezial-Windschutznetzen auf sechs bis acht Euro pro Quadratmeter, bei Hochleistungsnetzen wird ein Aufpreis von zirka 50 Prozent angesetzt.

Verbissschutz

Holzknabbern bereitet Pferden ein offenkundig großes Vergnügen. Deshalb sollte man ihnen diese

Beschäftigung nicht einfach wegnehmen, sondern gezielt in eine bestimmte Richtung lenken. Es sollten also Vorkehrungen getroffen werden, um zum einen das Bauholz im Stall, auf dem Paddock oder der Weide zu schützen, zum anderen sollte man dem Pferd aber Hölzer anbieten, die es zur Befriedigung seiner oralen Triebe benagen kann. Man kann vom Pferd nicht erwarten, dass es zwischen wertvollen Holzgegenständen oder wertlosen Hölzern wie Ästen oder Holzzweigen unterscheiden kann. Für ein Pferd ist Holz eben Holz. Es wählt lediglich aus, was ihm schmeckt oder nicht schmeckt. Holzzäune schützt man am besten durch einen vorgebauten, mobilen Elektrozaun. Das ist immer noch billiger, als ihn mit teuren Industrieprodukten anzustreichen. Metallbleche, Lochbleche und Lochbänder aus Metall eignen sich zum Schutz gefährdeter Holzteile, Holzkanten, Türoberseiten und Fensterbänke im Stall, aber auch auf Zaunoberflächen.

Metallschienen in U-Form werden auf die Holzkanten aufgelegt und mit Schrauben befestigt. Sie sind relativ teuer (20 bis 40 Euro pro Meter). Billiger sind flexible und dünnere Lochbleche, die ebenfalls mit Schrauben befestigt werden. Am günstigsten sind so genannte Lochbänder aus Metall, die es in verschiedenen Breiten (12, 17 und 20 Millimeter) und in Baumärkten zu kaufen gibt. Sie kosten 0,80 bis 1,30 Euro pro Meter. Allerdings schützen sie nur die Oberflächen und nicht die gesamten Kanten. Holzstützen und Holzträger im Stall können mit Maschendraht gegen Verbiss abgeschirmt werden. Es gibt sie in Rollen mit den Abmessungen 100 mal 60 Zentimeter, und sie kosten zirka 2,50 Euro pro Quadratmeter.

Brandschutz

Auslöser von Bränden können Blitzschlag, defekte elektrische Einrichtungen, Selbstentzündung von zu feucht gelagertem Heu oder unsachgemäß deponierten Düngemitteln, offenes Feuer, Funkenflug durch Brandstellen oder Schweiß- und Schleifarbeiten sowie Brandstiftung sein.

Brandschutz im Pferdestall ist darum unbedingt notwendig. Zu den Vorbeugemaßnahmen zählen eine Blitzschutzanlage, fachgerecht installierte und isolierte Elektroeinrichtungen, regelmäßige Temperaturkontrollen und Belüftung von frisch eingelagertem Heu, ordnungsgemäße Aufbewahrung von Düngemitteln sowie ein generelles Rauchverbot im Stall und Raufutterlager. Gegen vorsätzliche Brandstifter haben sich Bewegungsmelder und Scheinwerfer bewährt. Um einen Brand rechtzeitig zu bemerken, sollte man an den Decken der Ställe und Lagerstätten Rauchmelder installieren. Zudem sollte ein intakter Feuerlöscher jederzeit griffbereit sein.

REIT- und andere HALLEN

Reithallen mit oder ohne Seitenwände und Bewegungshallen wie überdachte, runde Lauf- und Longierhallen sind eine sinnvolle Ergänzung und bieten auch bei schlechtem Wetter die Möglichkeit, Pferde ausreichend zu bewegen.

Reithallen gibt es fix und fertig aufgestellt mit Dächern aus Trapezblechen oder Faserzementplatten, jedoch ohne Fundamente in den Maßen 20 mal 40 mal fünf Meter einschließlich Statik und Bauantrag bereits ab 35.000 Euro, kleinere Hallen (15 mal 24 mal vier Meter) schon ab 28.000 Euro, Rundhallen ab 20.000 Euro komplett, allerdings ohne Seitenwandverschalung zu kaufen. Die offenen Seitenwände können rundum durch Windschutznetze (kleine Hallen 1300 Euro, große Hallen bis 2000 Euro) gegen Wind und Regen geschützt werden. Sie bieten den Pferden eine gute Sicht nach außen und garantieren obendrein eine permanente Frischluftzufuhr in der Halle.

Mögliche Leistungen in Eigenarbeit sind das Verdichten und Egalisieren des Bodens und das Aufbringen von Tretschichten wie Sägespäne, gewaschener und rundkörniger Sand auf die Lauffläche. Es sollten weder Quarzsand wegen des verstärkten Hornabriebs noch Reststoffe aus der Industrie verwendet werden. Die Fundamentierung durch Einzel- und Streifenfundamente aus bewehrtem Beton mit frostsicherer Gründung, um die Lasten der Fertigbauhalle aufnehmen zu können, sind ebenfalls in Eigenarbeit herstellbar, allerdings müssen sie vom Statiker abgenommen und entsprechend den Angaben des Fertigbau-Unternehmens dimensioniert werden.

Sehr wichtig ist neben Strom- und Wasseranschluss eine Bewässerungsanlage. Denn auch die beste Tretschicht fängt mit der Zeit an zu stauben und kann das Reiten für Mensch und Pferd zur Qual machen.

Problematisch für die Neuerstellung von Reithallen, die aufgrund ihrer Größe und Mächtigkeit oftmals schwierig in ein gewachsenes landschaftliches Umfeld zu integrieren sind, ist der Erhalt einer Baugenehmigung.

Große freitragende oder kleinere Scheunen mit mittigen Stützen können auch als Reit- oder zumindest als Bewegungshalle umfunktioniert werden. Der Nachteil bei Scheunen ist die mangelnde Licht- und Luftzufuhr durch fehlende Fenster oder Oberlichter sowie eine noch höhere Staubentwicklungg durch deckenlastige Raufutterlagerung, kleine Eingänge oder Tore. Patentrezepte für den Umbau gibt es nicht. Prinzipiell gelten die gleichen Maßnahmen wie beim Umbau von Gebäuden zum Pferdestall (Entkernen, Säubern, Gefahrenstellen beseitigen). Wichtig sind auch hier die Bewässerung und der regelmäßige Austausch der Tretschichten sowie das Öffnen aller Türen und Tore, um einen ausreichenden Luftein- und austritt zu garantieren.

Reithalle aus Stahlkonstruktion im Rohbau

Reithallen können zusätzlich mit Tribüne und Bewässerunsanlage, müssen aber aus Sicherheitsgründen immer mit einer Bande ausgestattet sein.

Eine Alternative zu festen Hallen sind mobile Rundhallen aus feuerverzinkten Stahlprofilen mit PVC-beschichteten Gewebeplanen und Firstaufhängung. Das zwölfeckige Tragwerk hat einen Durchmesser von zirka 13 Metern und wird mit Erdnägeln oder Einzelfundamenten im Boden befestigt. Zusätzlich können Querstangen, Seitenwände und Regenrinnen montiert werden. Der Preis beträgt ohne Zubehör rund 10.000 Euro.

Bau und Umbau von **DUNGSTÄTTEN, FUTTERLAGER** und sonstigen Räumen

Für das Bauen, Umbauen und Sanieren von Dungstätten, Lagerräumen für Rau- und Kraftfutter sowie Geräteschuppen, Sattelkammern, Solarien, Behandlungs- und Waschplätzen gibt es bestimmte Anforderungen und Bestimmungen, die man berücksichtigen muss.

Bau- und Umbau von Dungstätten

Pferdemist heißt im Behördendeutsch „Festmist" und kann auf unterschiedliche Weise gelagert werden: Auf ortsfesten Dungstätten, Zwischenlagern wie beispielsweise Mistmieten im freien Bereich, mobilen Zwischenlagern mit geringer Lagerkapazität wie PKW- oder Traktoranhängern sowie im Innenstallbereich als so genannte Tieflaufställe.

Während man für mobile Zwischenlager oder Tieflaufställe mit wasserdichten Bodenplatten keine Genehmigungen benötigt, unterliegt der Neu- oder Umbau von Dungstätten bestimmten Umwelt- und Grundwasserschutzbestimmungen, die je nach Bundesland und Gemeinde sehr unterschiedlich sein können. Daneben bedürfen die Erstellung sowie der Umbau von Dungstätten immer einer Baugenehmigung. Die hierbei beteiligten Behörden sind Gemeinden, Stadtbauämter, Landratsämter (Amt für Wasserwirtschaft und Bodenschutz) sowie die Landwirtschaftsämter. Die gesetzlichen Rahmen werden in den Wasserhaushaltsgesetzen, den Verordnungen über Anlagen zum Umgang mit wassergefährdenden Stoffen (VAwS), den Landesbauordnungen („Grundsätzliche Anforderungen von Dunglegen") und teilweise in Merkblättern der Länder („Gülle, Festmist, Jauche") geregelt.

Die entscheidende Frage, ob und wie man eine Dungstätte („Festmistlager Pferde") neu bauen darf oder umrüsten muss, regeln die Wasser- und Landschaftsschutzverordnungen. Dabei spielen die so genannten „Wasserschutzzonen" die zentrale Rolle. Wasserschutzzonen sind im Wesentlichen in drei Bereiche eingeteilt, die engste Zone (Zone I), die engere Zone (II) und weitere Zonen (III, IIIa und IIIb). Tabelle 5 zeigt eine Übersicht der Standortbestimmungen für Mistlagerflächen. Hierbei sind ortsfeste Mistlager als feste, dauerhafte und an einem Ort befindliche Dunglager definiert. Zwischenlager sind offen gelagerte Mistmieten im freien Bereich meist auf den Randflächen von Äckern und Wiesen.

Während sich die länderspezifischen Auflagen (Landesbauordnungen) von Dungstätten kaum unterscheiden, können Verordnungen der Gemein-

Mobile Festmistzwischenlager bedürfen keiner Genehmigung, haben aber geringe Lagerkapazität.

Tabelle 5
Standortbestimmungen Festmistlager Pferde

Wasserschutzgebiete	ortsfestes Mistlager	Zwischenlagerung
Zone I	generell verboten	generell verboten
Zone II	grundsätzlich verboten (Ausnahmen nach wasserwirtschaftlicher Prüfung möglich)	generell verboten
Zone III, III a und b	zulässig bei Berücksichtigung der Bemessung und Anforderung	grundsätzlich verboten (Ausnahmen nach wasserwirtschaftlicher Prüfung möglich)
Überschwemmungsgebiete	verboten bzw. erlaubt, wenn wasserrechtliche Genehmigung erteilt wird	verboten bzw. erlaubt, wenn wasserrechtliche Genehmigung erteilt wird

Festmistlagerstätte mit Einfassung und wasserdichter Bodenplatte

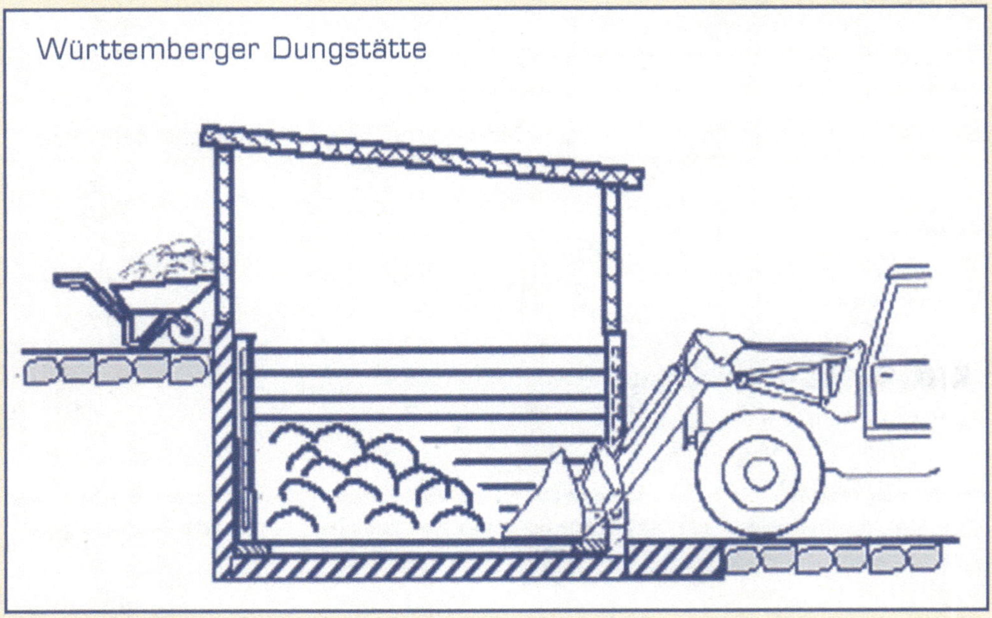

den (Insektenplage, Geruchsbelästigung) und Wasserwirtschaftsämter (Wasserschutzzonen, Gewässernähe) sehr unterschiedlich sein.

Die Landesbauordnungen stellen folgende Anforderungen: Abstände zu Gewässern, Gebäuden, Nachbargrenzen, öffentliche Verkehrsflächen, wasserdichte Bodenplatten und Wände. Nicht festgelegt sind in den Landesbauordnungen die Bemessung und Anforderung von Dungstätten. Hier regeln gemeindespezifische Auflagen oder bestimmte „Merkblätter" der Landratsämter, wie eine neue Dungstätte anzulegen ist beziehungsweise wie bestehende Dungstätten an die aktuellen Anforderungen umzubauen sind.

Festmist, insbesondere strohreicher Pferdemist, ist nach den wasser- und baurechtlichen Vorschriften grundsätzlich auf ordnungsgemäß erstellten Festmistlagern so zu lagern, dass eine Verunreinigung der Gewässer oder eine sonstige nachteilige Veränderung ihrer Eigenschaft nicht zu befürchten ist.

Die Lagerkapazität dieser Dunglegen muss auf die Belange des jeweiligen Betriebes und des Gewässerschutzes abgestimmt sein. Hierbei ist eine mindestens sechsmonatige Stapelzeit zugrunde zu legen.

Festmistzwischenlager (Mistmieten, Rotteplätze) unterliegen ebenfalls behördlichen Auflagen. Während man in früheren Zeiten solche wilden Lagerplätze ohne großes Aufhebens anlegen durfte, müssen sie heute bei der zuständigen Behörde (Gemeinde, Landratsämter) angezeigt werden (Vordrucke: „Anzeige auf eine Festmistlagerung"). In der Regel dürfen jedoch ausschließlich Landwirte und keine Hobbypferdehalter solche Festmistzwischenlager auf ihren Äckern oder Wiesen anlegen und dies auch nur in ausgewiesenen und

Die Zwischenlagerung von Festmist unterliegt inzwischen strengen Auflagen.

wechselnden Bereichen, nicht in Gewässernähe oder in Wasserschutzzonen.

Dungstättenaltanlagen müssen ebenfalls saniert oder erweitert werden, wenn sich der Pferdebestand erhöht oder wenn ein Bauernhof bezogen wird, auf dem sich eine alte Dungstätte befindet und wo man Pferde halten will. Oftmals besitzen solche Altanlagen gemauerte Bodenplatten, die nicht wasserdicht sind. In dem Fall muss eine wasserdichte Bodenplatte aus Beton über dem gemauerten Boden eingebracht werden, oder die Altanlage muss entsprechend der Bemessungsrundlagen (2,40 bis 3,00 Quadratmeter/Pferd) vergrößert werden.

Der Standort von Festmistlagerstätten hängt neben den Auflagen für die Abstände (Landesbauordnung) vor allem von betriebs- und arbeitswirtschaftlichen Faktoren ab. Der Mist sollte auf möglichst direktem, geradem Weg zur Dungstätte gebracht werden. Mistwege um mehrere Ecken herum bedingen immer erheblichen Mehraufwand. Wenn mehrere Ställe vorhanden sind, ist ein Standort in der Nähe des Stalles mit dem größten Pferdebestand und Mistanfall zu wählen. Zur Vermeidung von Geruchsbelästigungen und Fliegenplage sind die Hauptwindrichtung und die Lage gegenüber Wohnbebauung zu berücksichtigen. Geeignet ist meist ein windabgewandter Platz, also im Norden, Nordosten oder Osten des Hofes („Westwindband"), möglichst ohne direkte Sonneneinstrahlung und eventuell durch Bepflanzung beschattet. Liegt der Hof an einem Hang, kann das Gefälle den Handtransport des Mistes erleichtern. Also sollte man die Dungstätte hangabwärts anlegen.

Tabelle 6 zeigt eine Übersicht hinsichtlich der Auflagen, Bemessung, Ausführung und Besonderheiten von Festmistlagern (Dungstätten).

Tabelle 6
Auflagen, Bemessung, Ausführung und Besonderheiten von Festmistlagern (Dungstätten)

Kriterien	Auflagen, Bemessung, Ausführung und Besonderheiten
Neubau von Dungstätten (Dunglegen) bzw. Festmistplatten	verboten in Wasserschutzzonen I und II (bei II: Ausnahme möglich); erlaubt in den übrigen Gebieten und In Schutzzonen IIIa/b (Auflagen); flüssige Abgänge aus Pferdefestmist (wenn keine Überdachung vorhanden) sind in Flüssigkeitsbehälter (Jauchegruben) zu leiten, die einschließlich aller Leitungen wasserdicht sind; Ableitung in das öffentliche Abwassersystem ist grundsätzlich verboten
Umbau von Dungstätten (Dunglegen) bzw. Festmistplatten	Zustand der Bodenplatte prüfen; falls altes Mauerwerk (zum Beispiel Ziegelboden) vorhanden ist, muss eine wasserdichte Bodenplatte (Beton DIN 1045) darüber eingebaut werden; Dicke 15 bis 20 cm
Bemessung Fläche: Dungplatten qm/Pferd sechs-monatige Stapelzeit	bei einer Stapelhöhe von 2 m: 3 qm pro Pferd Grundfläche; bei Stapelhöhe von 2,50 m: 2,4 qm pro Pferd; Mistanfall bei Stroheinstreu pro Pferd: 0,6 cbm pro 6 Monate
Abstände (Landesbauordnungen)	Abstände zu: Gewässer 20 m (NRW 15 m); Aufenthaltsräume 5 m; Nachbargrundstücke 2 m (Hessen 3 m); öffentliche Verkehrsflächen 10 m (Hessen 3 m); zu Brunnen 15 m (Bayern 50 m)
Bodenplatte	Wasserdichter Beton (DIN 1045); Bewehrung Baustahllagermatten; Dicke 15 bis 20 cm; Gefälle nach hinten (geschlossene Seite) mindestens 35 cm

Kriterien	Auflagen, Bemessung, Ausführung und Besonderheiten
Wände (dreiseitig umschlossen)	Wasserdichter Beton (DIN 1045); Wandstärke 15-20 cm; Bewehrung mit Baustahl; Schalung beidseitig; Höhe mindestens wie Stapelhöhe (in der Regel 2,0-2,50 Meter)
Unterbau Bodenplatte	frostsicherer Unterbau verdichtet (Kies 4/8 mm) oder Schotter; Schichtdicke 20 cm
Unterbau Bodenplatte in Wasserschutzzone IIIa/b	Bodenplatte wie oben; darunter Kiesschicht 5-10 cm; darunter 10 cm Magerbetonplatte B 10, gegebenenfalls mit Ringdrainage und Ableitung in Jauchebehälter, nicht in öffentliches Abwassersystem (kann bei Überdachung entfallen)
Unterbau Bodenplatte in Wasserschutzzone II, Überschwemmungsgebiete	Bau einer Dungstätte nach Ausnahme durch wasserwirtschaftliche Prüfung möglich; Voraussetzung ist naturdichter Untergrund mit Mindeststärke 1 m (Ton, Schluff), Kontrolleinrichtung (Dränschicht, Ringdrainage, Magerbeton B10, Kontrollschacht); wenn kein naturdichter Untergrund vorhanden (Prüfung durch Sachverständige des Wasserwirtschaftsamtes): Bodenplatte wie beschrieben, darunter 5-10 cm Dränschicht Kies, 30 cm Dichtungsschicht aus bindigem Material (Ton/Schluff) oder Kunststoffdichtungsbahn HDPE 1 mm, Trennvlies auf gewachsenem Boden
Baugenehmigung	Die Neuerstellung einer Dungstätte (Dunglege) bedarf immer einer Baugenehmigung: Lageplan 1:500; Bauzeichnung 1:100 (Grundriss, Aufriss); Baubeschreibung mit Angabe des Erstellers (Firma); Größennachweis (Anzahl der Pferde/Grundfläche)
Kosten Neubau ohne Drainage/Jauchegrube und Unterbau SZ II/III	2 Pferde/6 qm ca. 1000 EUR 3 Pferde/9 qm ca. 1300 EUR 4 Pferde/12qm ca. 1600 EUR 5 Pferde/15qm ca. 2000 EUR je weiteres Pferd ca. 400 EU
Überdachung Dungstätte	in Schutzzonen II/III oder bei Auflagen Gemeinde/Landratsamt: Einbau von Ring- oder anderen Drainagen entfällt bei Überdachung (Festdach: Stahlschuh auf Wand, Holzstützen, Sparren, Dachlatten, Bitumendachbahnen) oder Abdeckung durch stabile Abdeckplanen mit Überlappung der Wände

Tabelle 6 Fortsetzung

Auflagen, Bemessung, Ausführung und Besonderheiten von Festmistlagern (Dungstätten)

Kriterien	Auflagen, Bemessung, Ausführung und Besonderheiten
Arbeitsablauf	Baugenehmigung; Lage- und Höheneinmessung, Standortwahl; Bodenaushub bis Geländeunterkante Drainschicht (Schotter/Kies); wenn nötig Bodenverdichtung oder Bodenaustausch (II,III); bei anstehendem Grundwasser Trockenlegung mit Pumpe / Einbau und verdichten (Rüttelplatte) Frostschutzschicht/Drainschicht 15-20 cm im Gefälle der Bodenplatte (2-3 %, mind. 35 cm s.o.); 5-10 cm Sauberkeitsschicht Beton B10; Baustahllagermatten einlegen; Beton einfüllen/verdichten/rütteln / Seiten mit Holzbohlen abstellen (Schalung); Schalung Wände zweiseitig bis erf. Höhe; Bewehrung, Betonieren; Nachbehandlung Beton; Fugenverfüllung
Randbereiche Anforderungen	Befahrbarkeit der Dungstätte mit Traktor beachten zur Mistabholung: Dachhöhe. Vorplatz/Rangierplatz befestigen (Schotter verdichtet/ Asphalt/Pflaster)
Tieflaufställe	Dungstätte entfällt bei Tieflaufställen. Die Mistmatratze wird beim Erreichen der entsprechenden Höhe ausgeräumt und direkt mit Stallmiststreuer oder Anhänger auf zugelassene landwirtschaftliche Flächen oder Zwischenlager verbracht. Die Fußböden und Stallwände bis 1 m Höhe müssen wasserdicht sein (Beton DIN 1045); Jauchegrube entfällt. Nachteile: Hygiene, belastete Luft, aggressive Stoffe für Hufe mit Schäden; prinzipiell nur in luftigen Offenställen durchführbar
Festmistzwischenlager / Mistmieten	Regelung durch Merkblätter der Landratsämter (Wasserwirtschaftsamt) und Amt für Landwirtschaft, Landschafts- und Bodenkultur: „Merkblatt Zwischenlagerung von strohreichem Mist (Pferdemist) im Freien") maximal neun Monate Lagerzeit; keine Abschwemmung in Gewässer/Grundwasser; Lagerung so, dass er bearbeitet und umgeschichtet werden kann; Angabe der Flurstücksnummer (Vordrucke: „Anzeige auf Festmistzwischenlagerung"); Geldbußen bei Nichtbeachtung bis 2000 EUR

Die erdlastige Raufutterlagerung nimmt viel Raum in Anspruch.

Futterlager und sonstige Räume

Die Notwendigkeit von Lagerstätten oder sonstiger Nebenräume richtet sich nach dem Pferdebestand, gegebenenfalls angestellten Personen und den Vorstellungen des Stallbesitzers. Während man in kleinen Stallungen bis zu fünf Pferden oftmals mit einem Universalraum als Futterlager, Geräte- und Sattelkammer und einem Universalplatz für das Putzen, Waschen und Behandeln durch den Tierarzt oder Hufschmied auskommt, bedingen größere Pferdeställe bestimmte Nebenräume, die bei angestelltem Stallpersonal sogar gesetzlich vorgeschrieben sind wie zum Beispiel ein Aufenthalts- oder Sanitärraum.

Weitere Nebenräume und -anlagen können Reiterstube, Büroraum, Lehr- und Unterrichtsraum, Erste-Hilfe-Raum, Sattelkammer, Wasch- und Toilettenräume, Remisen, Geräteräume oder Werkstatt sowie Solarium, Putzplatz, Untersuchungsstand oder -raum und Isolierbox beziehungsweise Quarantänestall für Pferde sein. Im Folgenden werden die wichtigsten Nebenanlagen kurz skizziert:

Die Platz sparende deckenlastige Raufutterlagerung kann die Stallluft staubig machen.

Futterlagerung

Der Raumbedarf für Raufutter (Heu, Stroh) orientiert sich an der Größe des Pferdebestands, der Möglichkeit der Anlieferung und Dauer der Lagerung. Er beträgt für ein Pferd und pro Jahr und bei einmaliger Raufutterlieferung zirka 30 Kubikmeter umbauten Raum, also ist für fünf Pferde zum Beispiel ein zwölf Meter langer, vier Meter breiter und drei Meter hoher Lagerraum vonnöten.

Ist bei einem Neubau oder vorhandenen Stallgebäude kein zweites Geschoss (Dachboden) vorhanden, also eine deckenlastige Lagerung nicht möglich, wird man aus Kostengründen wohl kaum ein zusätzliches Gebäude für die Raufutterlagerung erstellen. In diesem Fall bleibt nur die mehrmalige Anlieferung im Jahr durch einen Landwirt übrig, was

Kunststofftonnen gewährleisten eine saubere Kraftfutterlagerung.

jedoch meist mehr kosten wird. Bei erdlastiger Lagerung muss das Raufutter bodenbelüftet (Holzpaletten oder Ähnliches) eingelagert werden, damit sich keine Feuchtigkeit und Schimmel bilden kann.

Kraft-, Saft- und Zusatzfutter kann man in modernen Kunststoff-Regentonnen (Gartenmarkt, bis 100 Liter Volumen) mit Abdeckung trocken und mäusegeschützt lagern. Auch ausrangierte Tiefkühltruhen eignen sich zur Aufbewahrung solcher Futtermittel.

Sattelkammer

Damit Materialien aus Leder und andere Utensilien wie Decken und Putzkisten sauber, trocken und verschließbar aufbewahrt werden können, sollte man eine Sattelkammer beim Stallbau einplanen. Die Kammer sollte zum Beispiel durch ein vergittertes Fenster gut zu lüften sein. Im Winter ist eine mobile Elektroheizung sinnvoll. Der Boden sollte durch Kacheln oder Fliesen pflegeleicht sein. Zudem müssen Sattel- und Trensenhalter so angebracht werden, dass eine problemlose Handhabung möglich ist. Ist kein Platz für eine solche Kammer vorhanden, sollte man sich einen verschließbaren Sattelschrank anschaffen.

Sattelhalter mit Trense, einfach

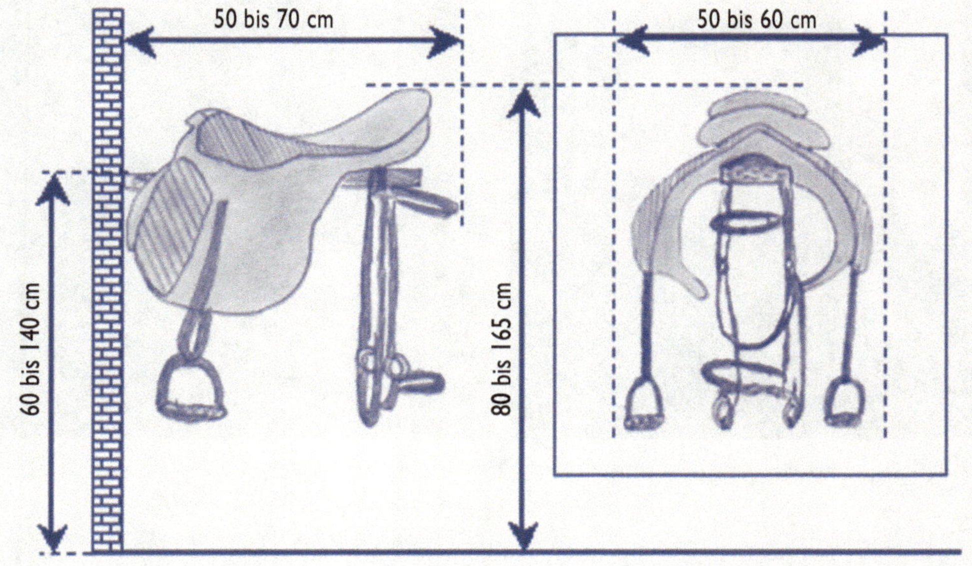

Sicher an der Wand angebrachte Mistgabeln

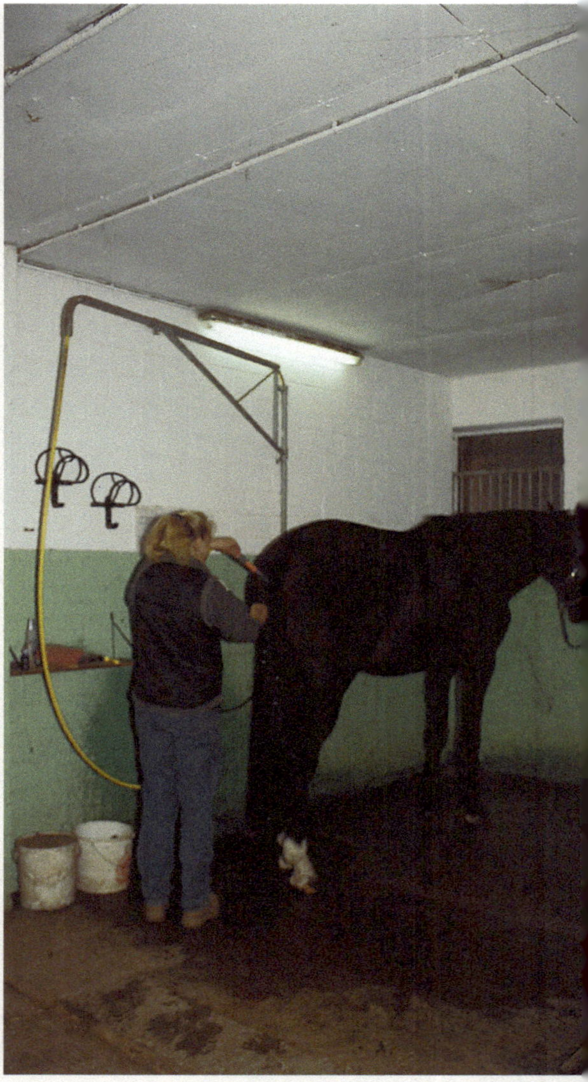

Das Wasser von Waschplätzen darf nicht in das öffentliche Kanalsystem eingeleitet werden!

Geräteschuppen

Gefährliche Gerätschaften wie Mistgabeln müssen immer so gelagert werden, dass die Pferde nicht herankommen. Hat man keinen eigenen Raum für Mistgabel, Besen, Rechen, Mistkarre eingeplant, müssen diese mittels Halterungen an der Wand sicher befestigt werden.

Putz-, Wasch- und Behandlungsplatz

Ein solcher universeller Arbeitsplatz sollte an einem ruhigen Ort, aber mit Sichtkontakt zu den Artgenossen eingerichtet werden. Er sollte eine Mindestbreite von drei Metern und eine Länge von fünf Metern haben. Befindet sich der Arbeitsplatz im Freien, sollte er windgeschützt und möglichst überdacht sein. Sinnvoll ist ein Wasser- und Stromanschluss in unmittelbarer Nähe. Der Untergrund muss rutschfest und leicht zu reinigen sein.

Solarium

Ein Solarium eignet sich hervorragend zum Trocknen nasser Pferde besonders in der kalten Jahreszeit. Für ein Solarium muss man einen Platz von drei Metern Länge und Höhe sowie zwei Metern Breite einplanen. Dieser separate Platz sollte dort eingerichtet werden, wo er nicht behindert, jedoch Blickkontakt zu den anderen Tieren besteht. Ideal ist eine Box , ein stillgelegter Ständer oder das Ende der Stallgasse. Um ein Hin- und Her- oder Vortreten des Pferdes zu vermeiden, sollten Seitenwände und Brustseil oder Metallgestänge montiert werden. Das Pferd muss dabei immer beidseitig angebunden sein. Während kleinere Solarien von etwa vier Kilowatt mit einem normalen Stromanschluss von 220 Volt betrieben werden können, benötigen größere Geräte bis neun Kilowatt einen Starkstromanschluss.

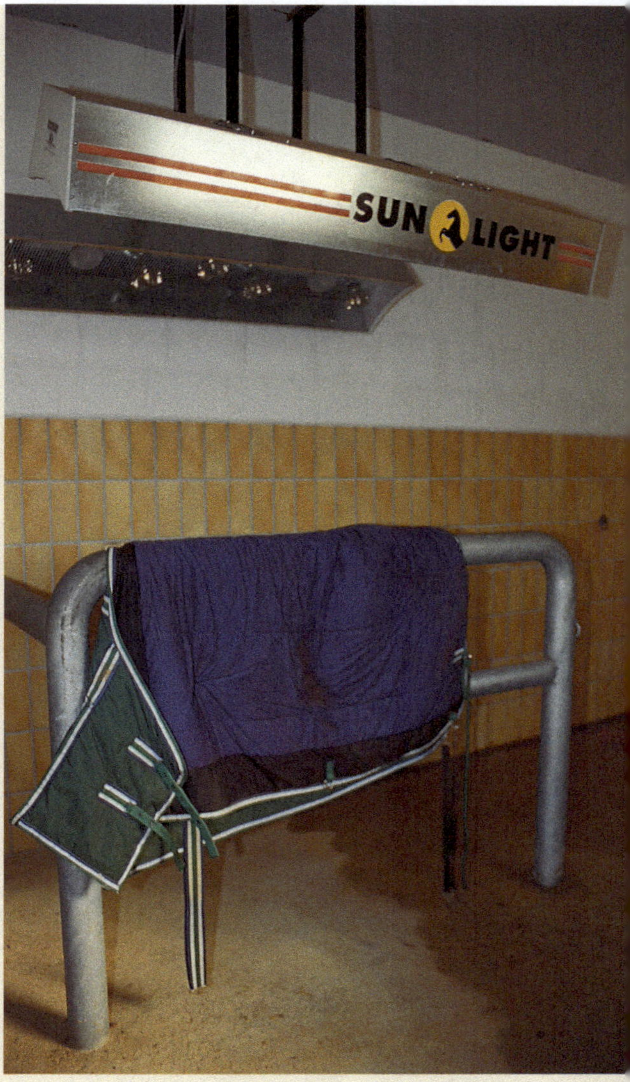

Solarienstände müssen an der Seite und im Brustbereich sicher eingefasst sein.

GESTALTUNG und UMGESTALTUNG
vegetationsloser Laufflächen, Kleinflächen und Böden im Außen- und Innenbereich

Laufflächen im Außenbereich

Zu den vegetationslosen Laufflächen gehören Auslauf- beziehungsweise Paddockflächen, Reit-, Longierplätze und Roundpens in den Außenbereichen. Bevor man an die Vorplanung geht, müssen auch hier bau-, landschafts- sowie nachbarrechtliche Bestimmungen und Auflagen geprüft und die Planung vorab mündlich bei den entsprechenden Behörden genehmigt und zugelassen werden (siehe hierzu auch den Abschnitt Baurecht). Verläuft dieses positiv, muss vor der Gestaltung der Bodenaufbauten in aller Ruhe überlegt werden, wie man ein Höchstmaß an Effizienz durch die richtige Standortwahl, eine kluge Raumaufteilung und andere Kriterien erreichen kann. Nicht selten werden bereits bestehende Raumaufteilungen gedankenlos übernommen, Ecken, Nischen und sonstige tote Flächen übersehen und nicht in die Flächen für die Pferde mit einbezogen. Es gibt Auslaufflächen, in denen sich die Pferde auf kleinstem Raum aufhalten müssen, während der Großteil der Hofflächen einfach nur ungenutzt brach liegt und keinen Zweck erfüllt.

Zunächst nimmt man ein großes, leeres Blatt Papier und zeichnet mit Bleistift alle bestehenden und unveränderlichen Objekte wie Gebäude, Bäume, Schuppen, Dungstätte, Kleinbauwerke und Wege möglichst maßstabgetreu ein. Dann grenzt man Flächen aus, die dem Menschen und seinen Maschinen vorbehalten bleiben: Arbeitsflächen, PKW-Stellflächen, Aufenthaltsbereiche und andere. Die jetzt übrig gebliebenen Flächen können als Auslaufflächen für die Pferde gestaltet und aufgeteilt werden. Je mehr Platz für die Pferde dabei entsteht, umso besser. Pro Pferd werden je nach Haltungsform und Nutzung 50 bis 200 Quadratmeter Freifläche als Minimum angesetzt. Vermeiden sollte man allerdings enge Ecken und Winkel, die bei rangordnungsbezogenen Auseinandersetzungen zu Fallen für rangniedrige Tiere werden können.

Ganzjahresausläufe sollten folgende Bereiche umfassen:

- Wälz- und Liegebereiche
- Festbodenflächen
- Futterplätze
- Stallein- und -ausgänge, wo sich die Pferde aus dem Weg gehen können
- Tränkbereiche

Wälz- und Liegebereiche auf Außenflächen müssen besonders wasserabführend gestaltet werden.

Weiterhin sollte man die Flächen so auswählen, dass natürliche Gefälleneigungen optimal ausgenutzt werden können, also zum Beispiel den Tränkebereich wegen Vermatschung des Untergrundes nicht in Mulden, sondern auf Erhöhungen anlegen. Ist dies nicht möglich und sind alle Flächen ebenerdig, sollte man den Boden im Tränkebereich mit Pflaster oder Kunststoffmatten befestigen.

Grundsätzlich sollten die Gefälleneigungen von Flächen im Bereich von Gebäuden, Unterständen und Fressplätzen sowie stark frequentierten Laufzonen wie Treibgänge und Tore so ausgebildet sein, dass das Oberflächenwasser immer in die Randbereiche, in eigens dafür angelegte Drainagen, vorhandene so genannte „Vorfluter", Gräben oder grabenähnliche Bodenrinnen abfließen kann. Ist diese Vorgabe im natürlichen Umfeld nicht gegeben, sollten die gewünschten Gefälleneigungen durch Umschichtungen des Natur- oder gewachsenen Bodens künstlich geschaffen werden. Der Boden muss dann dort, wo das Oberflächenwasser ablaufen soll, also freie Randbereiche, Übergänge zu Wiesen und Ähnliches, mit einem Traktor und Frontlader flächig und zwar je nach Größe des Auslaufs in verschiedenen Tiefen abgetragen und dort wieder aufgeschüttet werden, wo sich das Wasser nicht sammeln soll.

Sehr wichtig ist, dass man vor Auftragen der Tret-, Trenn und Tragschicht alle Flächenbereiche – also die aufgeschütteten und abgetragenen Bodenzonen – mit einem entsprechendem Gerät (Bodenverdichter, Rüttelplatten für kleine Flächen und Verdichtungswalzen mit Vibration für größere Flächen) verdichtet und ein so genanntes „Planum" schafft, auf dem das Oberflächenwasser in die gewünschte Richtung abfließen kann. Die Verdichtung verhindert zudem weitgehend die Vermischung von Erdboden und Tretschicht und gewährleistet, dass sich durch Bodensetzungen in der Folgezeit keine Mulden ausbilden, in denen sich das Wasser sammeln kann.

Ganz falsch wäre ein Unterbau aus Schotter oder Kies, auf dem ohne Trennschicht (Vlies, Folie) die Tretschicht (Sand) aufgebracht wird. Das kann am Anfang je nach Verdichtungsgrad der Schotter- oder Kiesschicht zwar noch gut gehen. Im Laufe der Benutzung vermischen sich die beiden Schichten aber unweigerlich mit der Folge, dass zahlreiche einzelne Schotter- oder Kieselsteine an die Oberfläche gelangen und die Fläche, vor allem der Hufschlag, besonders bei Trockenheit im Sommer für die Pferde fast unbenutzbar wird. Derartig vermischte Tretflächen sind, vor allem auf Reitplätzen oder im Round-Pen, kaum mehr zu gebrauchen oder zu entmischen und können nur noch insgesamt abgetragen, entsorgt und danach durch einen fachgerechten Bodenaufbau – mit Trennschicht! – ersetzt werden. Die Kosten hierfür belaufen sich auf ein Vielfaches dessen, als hätte man vorher eine Trennschicht eingebaut.

Falls keine natürliche Geländeneigung besteht, sollte das verdichtete Planum vor dem Aufbringen der verschiedenen Schichten mittels Bodenum- oder Aufschichtung ein künstliches Gefälle erhalten, entweder als Dachprofil mit ein bis zwei Prozent Quergefälle zu beiden Seiten und 0,5 bis einem Prozent Gefälle in Längsrichtung oder als gesamte Gefälleneigung in eine Richtung.

Weiterhin sehr wichtig ist, dass man die Randbereiche aller Laufzonen, wo das Oberflächenwasser abfließen soll, nicht dicht macht!

Leider finden sich in vielen Fachbüchern und Zeitschriftenbeiträgen immer noch Vorschläge, diese Flächen mittels Bohlen, Harthölzern, Beton- und Mauerwerkeinfassungen oder gar mit hochgiftigen Eisenbahnschwellen an den Randbereichen einzugrenzen. Auch der beste und teuerste Bodenaufbau einer Paddock- oder Reitplatzfläche macht keinen Sinn, wenn das Wasser nicht seitlich abfließen kann! Die Praxis hat außerdem gezeigt, dass die Tretschichten in den Seitenbereichen, auch wenn sie mit den aufwendigsten Kiesdrainagen und innenliegenden Drainagerohren versehen wurden, trotzdem mit der Zeit vernässen und vermatschen. Warum? Im Lauf der Zeit – besonders auf Reitplätzen, Roundpens und Longierzirkeln – verdichtet sich der Boden im Bereich des Hufschlags, also im Randbereich, derart, dass sich die Drainagen zusetzen und ein Abfluss nach unten nicht mehr gewährleistet ist. Durch die Einfassung der Platzfläche mit Schwellen oder Ähnlichem kann das Wasser dann aber eben auch nicht auf der Fläche in die Außenbereiche gelangen.

Es gibt daher nur die eine Lösung: nämlich dass der gewachsene und verdichtete Naturboden der Lauffläche, also die Geländeoberkante Planum, die gleiche Höhe besitzt wie die sie umgebenden Randbereiche, wohin das Wasser abfließen soll. Schließlich sollte die Tretschicht des Platzes, die jetzt also höher liegt als das angrenzende Erdreich (mit Unterbau und Trennschicht), etwa einen bis zwei Meter über den Rand und die Einfriedung hinausragen, damit das Oberflächenwasser kontinuierlich in die Randbereiche ablaufen kann.

Steine auf der Tretschicht müssen entweder abgesammelt oder der gesamte Platzaufbau muss ausgetauscht werden.

Einfassungen von Reitplätzen lassen das Wasser bei Dauerregen nicht in die Randbereiche abfließen.

Paddock-, Rondpen-, Longier- und Reitplatzflächen

Richtig

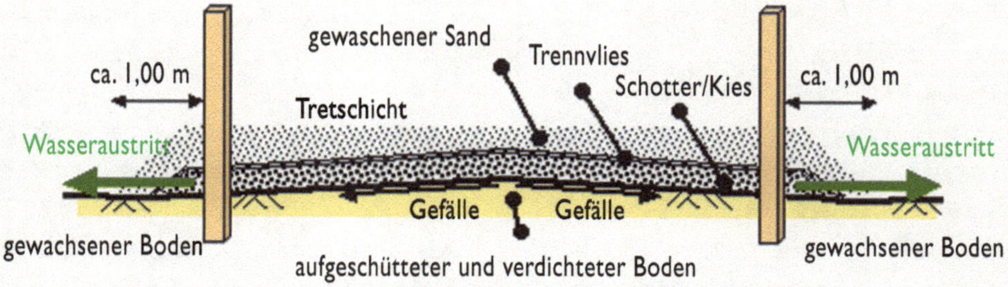

Richtig: Bodenaufschüttung mit Verdichtung auf Platzfläche, so dass ein Gefälle des Untergrundes besteht. Dann Drainageschicht (Schotter/Kies) auffüllen, die ca. 1 Meter über die Ränder hinausgeht. Darauf Trennvlies und gewaschener Sand, die beide auch ca. 1 Meter seitlich hinausgehen. Somit kann das Wasser seitlich austreten.

Falsch

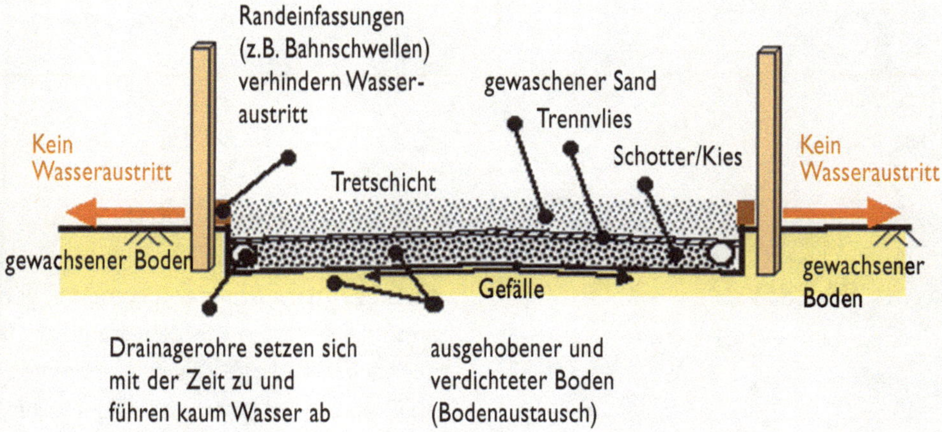

Falsch: Bodenaushub ca. 30-40 cm. Dann auf verdichteten Boden Drainageschicht (Schotter/Kies), Trennvlies und gewaschenen Sand auffüllen, begrenzt durch Randeinfassungen (Bahnschwellen o.Ä.). Hier kann das Wasser sowohl seitlich als auch nach unten nicht abfließen (verdichteter, undurchlässiger Boden, zugesetzte Drainage).

Entwässerung von Laufflächen

Für alle Flächen gilt, dass eine Oberflächenentwässerung, also das Abfließen des Wassers auf der Tretschicht in die Randbereiche durch Aufschüttung und Gefälleausbildung, einer Tiefenentwässerung mittels Kiesschicht, Drainagerohren und Wassersammler sowie Einfassung vorzuziehen ist.

Der ideale Paddock-, Auslauf-, Roundpen- und Reitplatzboden muss folgende Eigenschaften aufweisen: Er sollte elastisch und trittfest sein, kein tiefes Einsinken zulassen, bei Trockenheit staubfrei und bei Nässe wasserabführend sein. Weiterhin sollte er pflegeleicht, ohne Bewuchs und organische Bestandteile, kostengünstig, dauerhaft und optisch ansehnlich sein. Schließlich darf er auf Dauer keine negativen Auswirkungen auf die Hufe (scharfe, abreibende Tretschicht) oder beim Wälzen (Recycling-Schreddermatarial, Kunststoffe) verursachen.

Tret-, Trenn- und Tragschicht:

Tretschicht (Oberbau) ist je nach Material eine zehn bis 30 Zentimeter dicke Schicht an der Oberfläche, auf der die Pferde laufen.

Trennschicht ist ein wasserdurchlässiges Kunststoff-Vlies, Folie oder Geotextil, die die Tretschicht von der unteren Schicht (Boden, Tragschicht) trennt, damit sich die Materialien mit der Zeit und bei Benutzung nicht vermischen. Sie werden mit Überlappung lose verlegt, miteinander verschweißt oder verklebt.

Tragschicht (Unterbau) ist eine 15 bis 20 Zentimeter starke aufgeschüttete und verdichtete Schicht aus Schotter (Mineralbeton), Kies, Recycling-Schotter oder Gesteinsmischungen (wassergebundene Schicht), die das Oberflächenwasser in die Randbereiche abführen soll und die Platzfläche stabil und befahrbar (Traktor, LKW) macht.

Oberkante Planum ist die verdichtete Oberfläche des gewachsenen oder aufgeschütteten Bodens.

Standardlösungen Bodenaufbau

Kostengünstige Standardlösung bei geringem bis mittlerem Pferdebestand: nur Tretschicht und Oberkante Planum (drei bis fünf Euro pro Quadratmeter je nach Anteil Eigenleistung):
1. Neu anzulegende Flächen einmessen
2. Vorhandene, natürliche und günstige Gefälleeigenschaften ausnutzen oder künstliche Gefälle (ein bis zwei Prozent) durch Bodenumschichtung schaffen

Standardlösung Platzaufbau

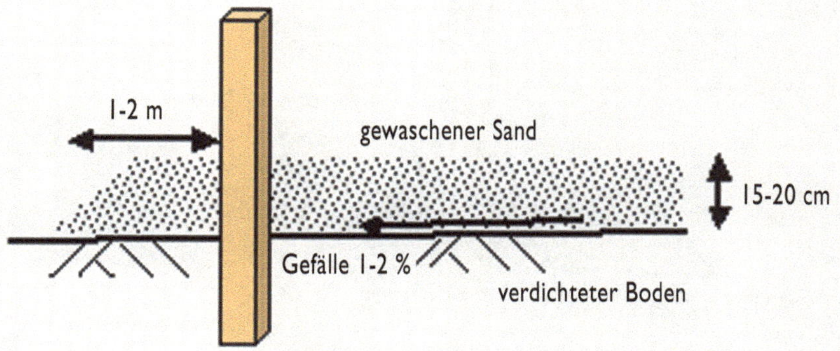

3. Untergrund (Naturboden, aufgeschütteter Boden) verdichten. Achtung: der verdichtete Boden darf nicht tiefer liegen als die Randbereiche!
4. Tretschicht aus 15 bis 20 Zentimeter gewaschenem Sand (Maurersand) ohne Steinanteil auf den verdichteten Boden auftragen; die Tretschicht einen bis zwei Meter über die Seitenränder der Einfriedung hinausragen lassen.
5. Als Letztes erfolgt die Umzäunung der Fläche.

Mittlere Standardlösung bei mittlerem bis höherem Pferdebestand: Tretschicht, Trennschicht und Oberkante Planum (fünf bis sieben Euro pro Quadratmeter je nach Anteil Eigenleistung):

Vorgehensweise wie bei der kostengünstigen Standardlösung. Um bei stärker beanspruchten Flächen eine Durchmischung zwischen verdichtetem Boden und Tretschicht zu verhindern, wird vor dem Aufbringen der Tretschicht eine Trennschicht (Vlies, Geotextil) eingelegt.

Mittlere Standardlösung Platzaufbau

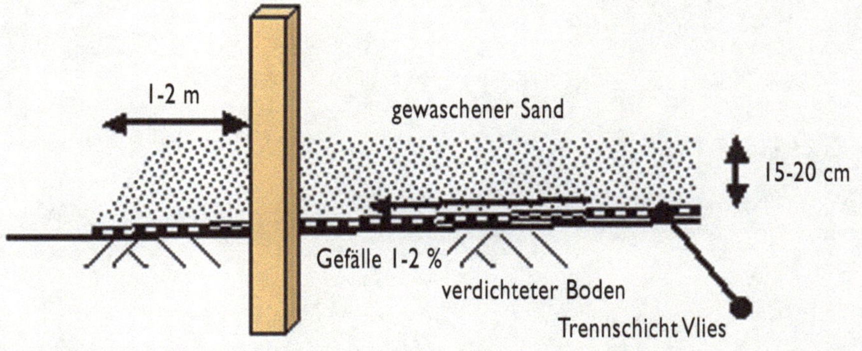

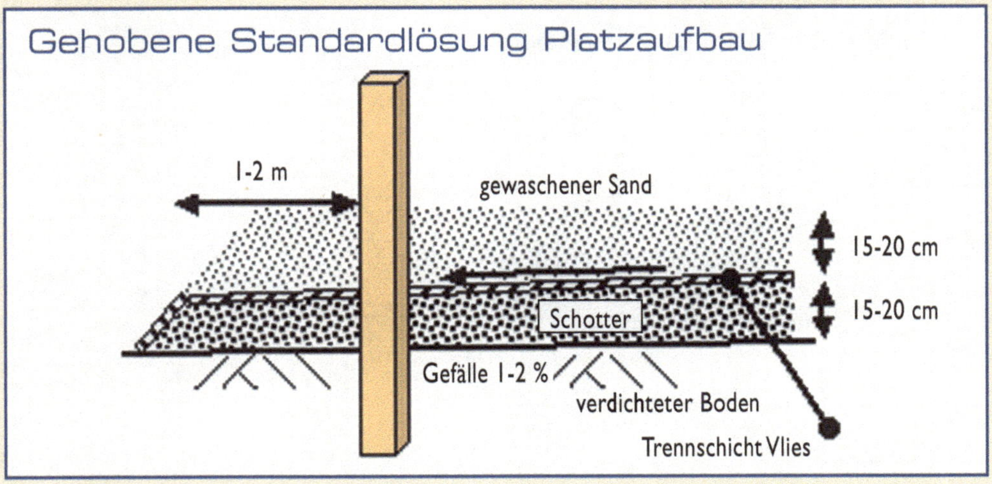

Gehobene Standardlösung bei hohem Pferdebestand: Tret-, Trenn- und Tragschicht (zehn bis 13 Euro pro Quadratmeter je nach Anteil Eigenleistung):

Vorgehensweise wie bei der mittleren Standardlösung, jedoch wird zwischen Trennschicht und verdichtetem Boden eine Schotter- oder Kiesschicht eingebaut. Bewährt hat sich in der Praxis Schotter (0/32 Millimeter), der besser als Kies verdichtet werden kann und eine hohe Tragfähigkeit (Befahren mit schwerem Gerät wie Traktor, LKW) besitzt.

Ein Platzaufbau mit Unterbau, Vlies, Bodengittermatten und Tretschicht ist zwar ideal, aber auf großen Flächen sehr kostspielig.

Um teures Unterbaumaterial wie Kies oder Schotter zu sparen, kann man das Planum auch durch eine Aufschüttung von Bodenmaterial höher legen, das man sehr preiswert oder gar umsonst von Baufirmen erhält, weil es aus Erdarbeiten beim Hausbau stammt, welches die Baufirma sonst teuer auf Deponien entsorgen müsste.

Sanierung von Matschflächen

Grundsätzlich gilt, dass ein Matschplatz immer noch besser ist als gar kein Auslauf! Vermatschte Paddockflächen sind vertretbar, wenn trockene oder befestigte Ausweichflächen vorhanden sind. Diese sollten allerdings so groß sein, dass keine rangordnungsbedingten Auseinandersetzungen passieren können, weil ein Pferd nicht ausweichen kann.

Matsch und tiefer Boden haben andererseits aber auch Nachteile. Weil eine Mistentfernung wegen der Vermischung von Dung und Boden nur schwer möglich ist, können hygienische Probleme durch Fäulnisbakterien mit der Folge von Strahlfäule oder Mauke entstehen. Das Laufen im tiefen Reitplatzboden reizt außerdem die Sehnen und Bänder der Pferde. Deshalb sollte man Matschflächen möglichst trockenlegen, indem man zunächst den Matsch abträgt und dann einen Platzaufbau nach einer der zuvor beschriebenen Standardlösungen durchführt.

Eine zweite und wesentlich kostengünstigere Möglichkeit, die aber nur auf bindigen Böden wie Ton, Lehm, Schluff mit geringen bis mittleren Sandanteilen durchzuführen ist, besteht darin, dass man die vermatschte Fläche bei einer bestimmten Konsistenz und Wassergehalt, nicht zu nass und nicht zu trocken, mit einer Vibrationsrüttelwalze sehr intensiv (mindestens 1000 Quadratmeter einen Tag lang!) und so stark verdichtet, dass man eine „brettharte" Fläche erhält. Darauf bringt man dann eine Tretschicht aus gewaschenem Sand auf.

Matsch und stehendes Wasser oder Pfützen können auch durch fehlende Hygiene auf gut drainierten Flächen entstehen, wenn das Wasser-Mist-Gemisch in den Untergrund eindringt und diesen mit der Zeit zusetzt und verstopft. Deshalb ist die regelmäßige Pflege zur Erhaltung und Matschvermeidung der Laufflächen besonders wichtig.

Pflege der Flächen

Fachgerecht angelegte Außenflächen, gleich welchen Bodenaufbaus, müssen kontinuierlich gepflegt werden, um eine dauerhafte und brauchbare Nutzung zu gewährleisten. Dazu zählt, organische Fremdstoffe wie Pferdedung, Grünbewuchs, Äste und Laub regelmäßig zu entfernen. Auch nach außen geschobene und verdichtete Tretschichten im Bereich des Hufschlags müssen wieder nach innen verbracht werden (geht nur von Hand), um den Hufschlag vor Vernässung zu schützen. Die gesamte Platzfläche sollte außerdem von Zeit zu Zeit mit Traktor und Wiesenschleppe oder einem Bahnplaner glatt gezogen werden, um Unebenheiten und Löcher auszugleichen, damit auf Dauer eine trittfeste und gleichmäßige Lauffläche gewährleistet ist. Das Glattziehen der Fläche sollte man auch unmittelbar vor Frosteinfall durchführen, damit der Platz bei einer langen Frostperiode benutzbar bleibt und nicht zu einer gefährlichen Stolperpiste wird!

1

2

3

1. Vermatschte Fläche vor den Eingängen eines Offenstalls im Herbst

2. Die gleiche Fläche nach dem Abtragen von zirka zehn Zentimetern Matsch

3. Nach dem Verdichten des Untergrunds wurde eine Schicht aus zehn Zentimeter Maurersand aufgetragen.

Laufflächen im Innenbereich

Zu den Laufflächen im Innenbereich zählen alle überdachten und in Hallen befindlichen Flächen. Im Unterschied zu den Laufflächen im Außenbereich benötigen diese Flächen kein Gefälle und keine Trennschicht. Der vorhandene Naturboden muss vor dem Auftragen der Tretschicht lediglich eingeebnet und verdichtet werden. Einzig in offenen Unterständen soll die Tretschicht 10 bis 20 Zentimeter höher liegen als die Außenfläche, damit

Reithallen sollten mit Bewässerungsvorrichtungen ausgestattet werden, um die Tretschicht feucht halten zu können.

kein Regenwasser in das Innere eindringen kann.

Während man bei Flächen im Außenbereich das Problem hat, Wasser abzuleiten, ist es bei Innenflächen besonders im Sommer schwierig, die Tretschichten feucht zu halten, damit sie nicht stauben. Jeder auch noch so teure Hallenboden, der inzwischen von vielen Fachfirmen angeboten wird, staubt mit der Zeit, weil von außen ständig Fremdkörper wie Sand oder Lehm hereingetragen werden. Pferdeäpfel, die nach der Hallennutzung nicht entfernt werden und sich ausgetrocknet mit dem Boden vermischen, tun ein Übriges. Deshalb wird man auf Dauer nicht umhin kommen, entweder einen Bodenaustausch durchzuführen oder den Boden in der trockenen Zeit regelmäßig zu wässern.

Geeignete und ungeeignete Tretschichten für den Außen- und Innenbereich

Die vielseitigste Tretschicht ist Sand. Besonders der gewaschene Maurersand eignet sich für Reitplätze, Reithallen und große Paddocks sowie für Unterstände. Weniger geeignet sind scharfe Quarzsande wegen der vermehrten Hufabnutzung oder Sande mit bindigen Anteilen wie zum Beispiel der „Sennesand“, die in Außenbereichen das Wasser nicht so gut abführen und im Sommer Staub entwickeln. Sand ist kostengünstig, bei 15 Zentimeter

Eine Tretschicht aus Sand und Holzhackschnitzeln ist elastisch, vermatscht nicht so schnell und ist auch im Winter eine gute Lösung.

Schichtdicke je nach regionalen Anbietern zirka zwei bis drei Euro pro Quadratmeter, gut von Pferdedung zu reinigen und zu pflegen und auch optisch vorteilhaft. Er kann mit Zuschlagstoffen wie Holzhackschnitzeln oder Sägespänen vermischt werden, was ihn besonders bei Frost elastischer macht.

Die Industrie bietet inzwischen auch komplette Tretmischungen wie Sand-Kunstfaser-Holzschnitzel-Gemische oder Quarzsand-Mischungen mit synthetischen Zuschlagstoffen an. Allerdings sollte man die Zuschlagstoffe vorher genau erfragen, denn nicht selten werden Industrie-Reststoffe wie geschredderte Leder- oder Gummireste verwendet, deren spätere Entsorgung schwierig ist.

Unterschiedliche Beurteilungen gibt es in Bezug auf Holzhackschnitzel als Tretschicht. Nachteilig sind die schwierige und aufwendige Säuberung, die schlechte Kompostierung (fünf bis sieben Jahre), das häufige und notwendige Wechseln alle ein bis zwei Jahre wegen der hohen Verschmutzung sowie die Gefahr von eventuell anteiligen giftigen Holzbestandteilen, falls sie von den Pferden gefressen werden. Besonders Schreddermaterial aus dem

Schreddermaterial aus Kunststoff wirkt befremdend und stinkt unangenehm bei großer Sommerhitze.

Gartenbau von Ästen und Zweigen verschiedener Ziergehölze ist problematisch.

Vorteile sind die Elastizität – besonders bei Frost –, Huffreundlichkeit und Akzeptanz bei Pferden. Besonders auf stark frequentierten Flächen wie Treibgängen, Schleusen oder schmalen Durchgängen eignen sie sich. Man kann sie im „Vortriebverfahren" 30 bis 40 Zentimeter dick auf reinen Matsch auftragen. Die Schicht hält sehr gut auch bei Belastung von bis zu 20 Pferden mehrmals pro Tag. Denn der Druck durch die Hufe verteilt sich horizontal im Gefüge der Holzschnitzel und geht nicht vertikal in den vermatschten Untergrund. Die Holzstücke sollten allerdings unterschiedlich groß sein. Die Stabilität und Elastizität ist dann größer, weil sich kleine und große Holzstücke miteinander verzahnen. Bei 30 Zentimeter Schichtdicke entsprechen die Kosten etwa denen von Sand.

Rundkies mit Korngrößen von 20 bis 32 Millimeter oder auch Flusskies ist als Tretschicht grundsätzlich abzulehnen. Immer wieder tauchen in der Fachpresse Empfehlungen auf, die ihn wegen der angeblich positiven Wirkung auf die Hufe favorisieren („Reflexzonenmassage"). Rundkies könnte in Ausnahmefällen nur dann verwendet werden, wenn er mindestens 30 Zentimeter unverdichtet aufgetragen wird und sich beim Auffußen der Hufe gleichmäßig verteilt und nachgibt. Eine etwa fünf bis zehn Zentimeter starke Schicht würde dagegen – weil unelastisch – zu viel punktuellen Druck auf die Hufe ausüben und auf die Dauer zur Hufederhautentzündung führen. Die Pferde laufen auf dieser dünnen Kiesschicht wie auf Eiern, was sich gleichzeitig bewegungshemmend auswirkt. Schließlich kann eine Kiesfläche nur sehr schwer von Pferdeäpfeln befreit werden. Das bedeutet einen hohen Arbeitsaufwand oder schlechte Hygiene.

Gänzlich ungeeignet ist eine Tretschicht aus Schotter beziehungsweise Mineralbeton, weil scharfkantig und noch problematischer als Kies.

Seit einiger Zeit werden von der Industrie auch schwer entsorgbare Industrie-müll-Reststoffe als Tretschichten für Pferde angeboten. Solche sind Rückstände aus der Lederwarenherstellung wie chemisch behandelte Ledermehle oder gehäckselte Lederstoffe, Glasindustrie (Glassand), Kunststoffherstellung (Kunststoff-Schnipsel, Kunststoff-Granulate) und diverse Abfälle aus der Steinindustrie wie Gesteinsmehle oder Schlacke-Asche-Schichten.

Die Gefahren und Nachteile sollen hier nur kurz skizziert werden: baugenehmigungsrechtliche Probleme, schwere Entsorgung, gesundheitliche Langzeitschäden durch Staub und Schwefelstoffe von Lava und Schlacke-Tretschichten, Geruchsbelästigungen im Sommer bei Kunststoffen und Leder, Schnittverletzungen beim Wälzen auf Ziegelbruch, optische Nachteile, Verbreitung bei Sturm auf angrenzende Koppeln, Heuwiesen oder sonstige Außenbereiche.

Befestigung von Flächen im Innen- und Außenbereich

Hoch frequentierte und schmale Flächen wie Koppelzugänge, Tränkebereiche oder kleine Paddocks sollten besonders vor einer Vermatschung geschützt werden. Böden im Stallbereich, auf Stallgassen, Anbindeplätzen und sonstigen Flächen und Räume wie Waschplatz, Solarium oder Untersuchungsstand müssen befestigt werden.

Für den Bau oder die Sanierung solcher Flächen bieten sich verschiedene Materialien an.

Betonrasengittersteine werden trotz ihrer enormen Nachteile leider immer noch empfohlen. Sie werden auf einem Schotter- oder Kiesunterbau versetzt und ihre Öffnungen mit Sand oder Erde gefüllt. Man kann sie auf Wegen und Flächen einsetzen, die begrünt, aber mit schwerem Gerät befahrbar sein sollen. Nicht geeignet sind sie in Paddocks oder anderen Flächen, auf denen die Pferde laufen, weil sie wegen der scharfen Kanten erheblichen Hufabrieb oder sogar Ausbruch von Hornteilen bei Barhufen verursachen. Außerdem sind sie schlecht zu reinigen und können mit der Zeit verstopfen. Kleinteile drücken sich in die Öffnungen, verschließen und versiegeln sie und das Wasser kann nicht mehr nach unten ablaufen. Ferner kann sich die Füllung aus Sand oder Mutterboden durch Setzung und Erosion verflüchtigen und gefährliche Hohlräume entstehen lassen, die besonders für kleinere Pferdehufe problematisch werden können.

Beton- und Asphaltflächen (Betondecke, Betonverbundpflaster, bituminöse Decken) besitzen wenig Griff und die Ausrutschgefahr bei Nässe ist groß. Die Entwässerung erfolgt nur seitlich, die Ver-

Holzpflaster stellen einen vorzüglichen Bodenbelag im Innen- und Außenbereich dar.

siegelung bedarf einer Baugenehmigung. Außerdem erhöht ihre raue Struktur den Hornabrieb.

Als Bodenbelag eignen sich Kunststoff-Fliesen, vulkanisierte und fugenlose Gummibeläge, Stallmatten (Boxen) oder Holzpflaster.

Kunststoff-Verbundpflaster oder Dreieck-Kunststoff-Pflaster können auf Betonböden in Stallgassen, Boxen und Nebenräumen oder im Außenbereich auf frostsicherem Unterbau aus Schotter in kleineren Paddockflächen, im Bereich von Außentränken oder in Fressständen verlegt werden. Sie sind durch die hohe Rutschfestigkeit trittsicher, gut zu reinigen, dämpfen die Schritte von beschlagenen Pferden und fangen ohne Probleme hohe Temperaturschwankungen auf. Für größere Paddockflächen sind sie aufgrund ihrer hohen Kosten (16 bis 35 Euro pro Quadratmeter) allerdings weniger geeignet.

Kleinpaddocks befestigen!

Auf kleinen Paddocks vor Außenboxen sollten feste Bodenbeläge und keine weichen Tretschichten aufgebracht werden, damit das Pferd nicht zum Wälzen verleitet wird. Eine Befestigung ist besonders in schmalen Paddocks erforderlich, die nur der Breite der Box entsprechen.

Kleinpaddocks sollten immer befestigt werden.

Für größere Flächen eignen sich Kunststoff-Bodenplatten, die es inzwischen in vielen Versionen auf dem Markt zu kaufen gibt.

Gitterloch- oder Bodengitterplatten können Massivgitter, Wabenplatten oder geschlossene Platten sein, die zum Teil ohne Unterbau auf dem Erdboden verlegt werden können. Sie bestehen meist aus schlagzähem und frostsicherem HDPE/PP-Kunststoff und werden miteinander verhakt. Man sollte bei der Verlegung allerdings außerhalb des begrenzten Bereichs beginnen, sonst werden die Platten von den Pferden herausgezogen.

Bodengitterplatten sind zwar kostspielig, garantieren aber eine trockene Platzfläche.

Die wabenförmigen Zellen werden auf einem Vlies verlegt und entweder mit Pflastersteinen verfüllt oder mit einer Tretschicht ausgefüllt und aufgeschüttet. Regenwasser kann durch das System nach unten fließen, daher sollte der Untergrund nicht verdichtet werden. Außerdem weisen einige Produkte eine Wasserspeicherung bis zu sieben Liter pro Quadratmeter auf, was die Staubentwicklung im Sommer reduziert. Die Verlegung ist einfach, die Kosten betragen zwischen 15 und 20 Euro pro Quadratmeter.

EINFRIEDUNG
von Lauf- und Weideflächen

Alle Einfriedungen stellen für das Lauf- und Fluchttier Pferd unnatürliche Begrenzungen dar. Das Bedürfnis, diese zu überwinden, ist daher mehr oder weniger stark ausgeprägt und von den jeweiligen Bedingungen wie Nahrungs- und Platzangebot abhängig. Deshalb sollte sich jeder Pferdehalter bewusst machen, dass es keine völlig ausbruchsichere Umzäunung geben kann. Dennoch sollte man ein Höchstmaß an Sicherheit anstreben und die Einzäunung so gestalten, dass diese zum einen vom Pferd als Grenze respektiert wird und zum anderen ein möglichst geringes Verletzungsrisiko in sich birgt. Aber auch der sicherste Pferdezaun nutzt wenig, wenn er desolat oder gar defekt ist. Darum sind regelmäßige Zaunkontrollen unbedingt erforderlich, um etwaige Schwächen oder Schäden sofort beheben zu können.

Zunächst muss man sich beim zuständigen Bauamt erkundigen, ob die Einzäunung auf der dafür vorgesehenen Fläche überhaupt zulässig ist. Denn in einigen Gebieten sind Zäune nur für gewerbliche Zwecke, zum Beispiel in der Landwirtschaft erlaubt. Zum Teil sind Zäune auch genehmigungspflichtig oder unterliegen speziellen Vorschriften, was die Zaunart und -höhe angeht (in der Regel bis zwei Meter genehmigungsfrei). Auch einige Versicherungen haben in ihren Klauseln Auflagen, ohne deren Erfüllung im Schadensfall kein Versicherungsschutz besteht. Diese Anforderungen betreffen nicht nur die Art und die Höhe des Zaunes, sondern sogar den Nachweis über den Verschluss des Koppeltores. Man sollte also auf jeden Fall in den Versicherungsunterlagen nachschauen, ob solche Auflagen bestehen.

Grundsätzlich gilt: Je kleiner eine Koppel, je geringer das Nahrungsangebot und je länger die Aufenthaltsdauer, desto stabiler und sicherer muss der Zaun errichtet werden. Deshalb sollten Ausläufe und Paddocks stets mit einem Festzaun eingefriedet werden, da hier das Platzangebot in der Regel geringer ist als auf der Weide und durch fehlende Grasflächen und mangelnde Beschäftigung das Ausbruchsrisiko steigt.

Hat man eine Weide langfristig gepachtet oder gekauft, sollte man der Sicherheit wegen einen Festzaun bevorzugen. Dagegen genügt bei großen Weideflächen mit fettem Nahrungsangebot und bei Pachtwiesen, die lediglich zum Abgrasen dienen, ein mobiler Elektrozaun.

Reitplätze, Longierzirkel, Roundpens und Trainingsbahnen werden generell fest eingefriedet. Dienen sie nicht zusätzlich als Auslauf, genügt allerdings eine Querreihe. Nutzt man einen Reitplatz nur gelegentlich oder vorübergehend als Gemeinschaftsauslauf, kann man auch mobil einzäunen.

Viele Versicherungen fordern verschließbare Tore.

Bei der Erstellung eines Zauns muss auch die Lage und nähere Umgebung berücksichtigt werden. Befindet sich beispielsweise eine stark befahrene Straße oder gar eine Autobahn in unmittelbarer Nähe, sollte auf jeden Fall ein fester Zaun installiert werden. Liegt die Weide direkt neben einem Reit- oder Wanderweg, kann man einen zweiten, mobilen Elektrozaun innerhalb der Koppel errichten, der unerwünschte Annäherungen von Pferden und Menschen verhindert. Bei Weiden, die direkt aneinander grenzen und verschiedene Herden beherbergen, hat sich ein Sicherheitsabstand von etwa zwei Metern zwischen den Zäunen bewährt.

Wichtig für die Wahl des Zaunes ist auch das Temperament, Alter und Geschlecht der jeweiligen Tiere. Bei lebhaften und jungen Pferden ist ein Festzaun empfehlenswert. Hengste benötigen auf jeden Fall eine stabile und hohe Einzäunung, die man zusätzlich mit Elektroband sichern sollte.

Ein ausbruchsicherer Zaun ist besonders bei neugierigen Jungpferden wichtig.

Abstand zu Nachbargrundstücken und Gebäuden

Der einzuhaltende Mindestabstand zu Gebäuden und angrenzenden Grundstücken ist gesetzlich vorgeschrieben (Länderbauordnungen) und muss mindestens einen Meter betragen. Befindet sich auf dem Nachbargrundstück auch eine Pferdekoppel, muss der Abstand zwischen den Zäunen also mindestens zwei Meter messen.

Die Höhe des Zauns soll je nach Größe der Pferde zwischen 1,20 Meter und 1,50 Meter betragen. Dabei sollte die oberste Querverbindung, also Querstange oder -band, auf Widerristhöhe minus zehn Prozent angeordnet werden. Die darunter liegende Querverbindung sollte in Brusthöhe der Pferde angebracht sein. Befinden sich Pferde unter-

Ein Schlupf ist bei der täglichen Arbeit sehr praktisch.

schiedlicher Größe auf derselben Koppel, müssen mindestens drei Querverbindungen eingeplant werden, um ein Entweichen der kleineren Pferde zu vermeiden. Der Abstand der untersten Querverbindung vom Erdboden darf 60 Zentimeter nicht unterschreiten.

Die Einzäunung von Ausläufen und Paddocks soll generell höher als für Weiden sein und etwa 1,50 Meter bis 1,80 Meter betragen.

Da feste Zaunpfähle zu etwa einem Drittel ihrer Länge eingegraben werden, müssen sie eine Mindestlänge von 2,00 Meter bis 2,20 Meter haben. Der Pfahl sollte einen Durchmesser von wenigstens 12 Zentimeter haben. Der Abstand zwischen den Pfosten soll 2,50 Meter bis maximal 4,00 Meter betragen. Da Eck- und Torpfosten besonders massiv und stabil sein müssen, sollten sie mindestens 70 Zentimeter in den Boden eingegraben werden. Eventuell sind bei Eckpfosten zusätzliche Querversteifungen erforderlich.

Tore müssen stabil gebaut sein und sollten möglichst nicht in einer Ecke liegen, damit rangniedrige Pferde nicht in Bedrängnis geraten und Engpässe vermieden werden. Jede Weide oder Lauffläche sollte mit einem Traktor und angehängten Pflegegeräten befahren werden können.

Tore und Zäune aus Kunststoff sind langlebig aber teuer.

Hierzu muss das Tor eine Mindestbreite von drei bis vier Metern aufweisen. Für den Menschen sehr praktisch ist der so genannte Schlupf neben dem Tor. Dieser ermöglicht den Durchgang, ohne dass man das Tor öffnen oder sich bücken muss. Allerdings darf dieser schmale Durchgang nicht breiter als 40 Zentimeter sein, damit die Pferde nicht versuchen, sich hindurch zu zwängen. Für Fohlen sind Schlupfe nicht geeignet.

Torverschlüsse oder Riegel müssen stets so angebracht werden, dass sie für die Pferde unerreichbar sind. Bei abgelegenen Koppeln oder bei Ausläufen, die nicht ständig überwacht werden können, sollte man die Tore zusätzlich mit einem Schloss sichern oder unter Strom setzen. Die Hersteller bieten hierzu einige sichere Möglichkeiten an.

Tabelle 7 gibt einen Überblick einiger Zauntypen, ihre Vor- und Nachteile sowie die Kosten.

Tabelle 7

Zauntypen, Vor- und Nachteile, Kosten

	HOLZZAUN		KUNSTSTOFFZAUN		METALL ZAUN
	Natur	Imprägniert	PVC	Recyclingmaterial	Panels
Art	a) Fichte/Kiefer b) Lärche c) Linde d) Eiche	Fichte/Kiefer	und weiß gefärbt PVC-hart	grau und braun	Metall-Rohr-Felder
Euro-Preis 100 m Zaun ohne Montage *1	a) 500,- b) 500,- c) 750,- d) 1000,-	1250,- bis 1500,-	ca. 2500,-	1500,- bis 2000,-	4000,- bis 5000,-
Kriterien Vor- und Nachteile	gute Sichtbarkeit, Stabilität, hohe Ausbruchsicherheit, Anpassung an das Landschaftsbild. Nachteilig sind Verbiss und Haltbarkeit bei feuchten Böden		positive mechanische Eigenschaften, geringe Pflege (wenn kein Algenbefall), Witterungseinfluss und Umweltverschmutzung (Versprödung, Zerfall) können Kunststoffe nachteilig verändern		Anschaffungskosten und Montageaufwand hoch (Metallzaun aus Stahlrohr)

*1)
Ohne Tore, Elektrozaungeräte, Eckversteifungen
Zaunlänge: 100 m
Regelmaß: 3-reihig, Zaunhöhen 1,50 bis 1,60 m
Pfostenlängen: 2,00 bis 2,20 m

GUMMIGURTBAND	ELEKTROZAUN			
Gummigurt	Festzaun, Breitband, Holzpfosten	Festzaun, Breitband, Recyclingpfosten	Festzaun, E-Seil	Mobilzaun Kunststoff-Steckpfähle
70 mm Gurtbreite	40mm Breitband	40mm Breitband	a) Holzpfosten b) Recycling-pfosten	40 mm Breitband
750 ,- bis 1000,-	220,-	300,-	a) 185,- b) 300,-	125,-
lange Haltbarkeit, niedrige Anschaffungskosten, wenig Instandhaltungsaufwand	Bei der Errichtung große Sorgfalt, gute Qualität wählen; Rostbildung bei stromführenden Leitern und Litzen minderer Qualität, lange und unübersichtliche Zäune, große Flächen mit vielen Ecken und Toren sind Hauptursache fehlenden Stromflusses; mangelhafte Erdung mindert Stromführung! Ausreichender Stromfluss nur bei feuchtem Boden im Bereich des Erdungsstabes; bei großer Trockenheit Fläche über dem Erdungsstab regelmäßig wässern			

FREMD- und EIGENLEISTUNG
beim Bau und Umbau

Fremdleistungen – also Arbeiten, die nur fachlich geschulte Personen oder Betriebe sowohl beim Neubau als auch beim Umbau von Pferdeställen durchführen dürfen – sind

- Planungsausführungen wie Bauentwurf, Statik, Bewehrungsplan, Entwässerungsplan und Bauantrag (bedingt)
- bauliche Ausführungen wie Elektrik, Dachdeckung, Gasleitungen und einige Anschlussarbeiten wie Strom, Wasser, Kanal, Telefon an das öffentliche Netz.

Man kann aber auch zum Beispiel elektrische Leitungen selbst verlegen, die dann allerdings anschließend von einem Elektromeister abgenommen werden müssen. Auch beim Bauantrag gibt es Ausnahmen (siehe Abschnitt Baurecht: Bauvorlageberechtigung).

Stahlbetonarbeiten mit Schalung, Bewehrung und Dimensionierung, Gründungen oder Wanddurchbrüche können ebenfalls in Eigenarbeit durchgeführt, müssen aber von einem Statiker überprüft und abgenommen werden.

Tätigkeiten wie Erdarbeiten für Gräben und Flächen, Planierungsarbeiten, Herstellung von befestigten und unbefestigten Oberflächen, Einfriedungen, Innenausbau wie Türen, Tore und Fenster, Bepflanzungen sowie jeglicher Materialtransport können ausschließlich in Eigenleistungen erfolgen.

Kosten für Fremdleistungen und das Problem der Schwarzarbeit

Die Stundensätze im Bauwesen – sowohl bei Facharbeiten als auch bei Ingenieuren und Architekten – sind in Deutschland im Vergleich zu Frankreich oder England außerordentlich hoch. Das ist auch der Grund für die zunehmende Schwarzarbeit im Bauwesen. Wer Schwarzarbeit in Betracht zieht, geht ein hohes Risiko ein.

Beauftragung mit Schwarzarbeit (Auszug aus dem Gesetz zur Bekämpfung der Schwarzarbeit):

„Ordnungswidrig handelt, wer Dienst- oder Werkleistungen in erheblichem Umfange ausführen lässt, indem er eine oder mehrere Personen beauftragt, die Leistungen unter Verstoß gegen die Vorschriften des Gesetzes zur Bekämpfung der Schwarzarbeit zu erbringen. Die Ordnungswidrigkeit kann bei Beauftragung einer Person, die gegen diese Vorschriften verstößt, mit einer Geldbuße bis zu dreihunderttausend Euro geahndet werden. Das gilt nicht für Dienst- oder Werkleistungen, die auf Gefälligkeit oder Nachbarschaftshilfe beruhen."

BAURECHT, BAUORDNUNG,

Planung und Zuständigkeiten

Das Bauen und Umbauen eines Pferdestalls mit dazugehörigen angrenzenden Flächen und Unterständen wird in Deutschland durch öffentlichrechtliche Bauvorschriften geregelt. Solche Vorschriften und Baurechte sind das Bauplanungs- und das Bauordnungsrecht. Das Bauplanungsrecht besteht aus dem Baugesetzbuch (BauGB) und der Baunutzungsverordnung (BauNVO). Das Bauordnungsrecht setzt sich aus den verschiedenen Landesbauordnungen (LBauO) der Bundesländer zusammen, die sich in wesentlichen Punkten ähneln, in Details jedoch unterschiedlich sein können. Während diese Vorschriften sehr allgemein gehalten und unterschiedlich auslegbar sind, können konkretere Bestimmungen aus den Bauleitplänen der Gemeinden entnommen werden. Diese Bauleitpläne sind der örtliche Bebauungsplan und der Flächennutzungsplan. Diese schreiben die Art der Bebauung sowie die Form und die Nutzung vor. Schließlich gibt es auch noch Bereiche, bei denen kein Bebauungsplan vorliegt. Solche gliedern sich wiederum in Innenbereiche, also innerhalb bebauter Ortsteile, und Außenbereiche („freie Landschaft").

Weitere Richtlinien, Auflagen und Bestimmungen werden von den Naturschutzbehörden (Untere Landschaftsbehörde (ULB), den Ämtern für Landwirtschaft sowie im Falle alter Bausubstanz auch von den Denkmalschutzbehörden vorgegeben, die im Falle eines Bauantrags ebenfalls die Zustimmung für den Bau oder Umbau von Pferdeställen geben müssen.

Der erste Schritt beim Bauen und Umbauen von Pferdestallungen und Freianlagen ist der Gang zur zuständigen Baubehörde. Dies kann durch ein mündliches und kostenloses Beratungsgespräch oder – wenn bereits konkrete Pläne vorhanden sind – in Form einer schriftlichen Bauvoranfrage geschehen. Dort erfährt man auch, was für Unterlagen für einen eventuellen Bauantrag vorgelegt und welche anderen Behörden für eine Genehmigung gehört werden müssen. Weiterhin wird einem auch gesagt, was man beim Bauen oder Umbauen selber machen kann und was durch Fremdfirmen oder fachlich geschulte Personen (Statik bei Wanddurchbrüchen, Entwässerungsplan) ausgeführt werden muss.

Bauvorlageberechtigung

Bauvorlagen für die Errichtung und Änderung von Gebäuden müssen von einem Entwurfsverfasser unterschrieben sein, der bauvorlageberechtigt ist. Bauvorlageberechtigt ist derjenige, welcher

- die Berufsbezeichnung „Architekt" führen darf
- in den von den Ingenieurkammern geführten Listen der bauvorlageberechtigten Ingenieure eingetragen ist
- die Berufsbezeichnung „Innenarchitekt" führen

darf, für die mit der Berufsaufgabe des Innenarchitekten verbundenen baulichen Änderungen von Gebäuden, oder

- die Berufsbezeichnung „Ingenieur“ in den Fachrichtungen Architektur Hochbau oder Bauingenieurwesen führen darf

Interessant in diesem Zusammenhang sind die Ausnahmen: Die oben genannten Richtlinien gelten je nach Bundesland unterschiedlich oft nicht für

- eingeschossige gewerbliche Gebäude bis zu 250 Quadratmeter Grundfläche und bis zu fünf Meter Wandhöhe, gemessen von der Geländeoberfläche bis zur Schnittlinie zwischen Dachhaut und Außenwand,
- landwirtschaftliche Betriebsgebäude bis zu zwei Vollgeschossen und bis zu 250 Quadratmeter Grundfläche.

In diesem Fall könnte der Bauherr den Bauantrag selbst einreichen.

Unterlagen für die Baugenehmigung:

Je nach Landesbauordnung oder örtlichen Bauamtsvorgaben unterschiedlich.

In der Regel benötigt man folgende Unterlagen:

- *schriftlicher Bauantrag (Formulare beim Bauamt)*
- *Lageplan Maßstab 1 : 500; Auszug amtlicher Lageplan 1 : 1000*
- *Bauzeichnungen Maßstab 1 : 100 (Grundriss, ein oder mehrere Schnitte, Ansichten, Entwässerungsplan) mit wesentlichen Innen- und Außenmaßen*
- *Baubeschreibung mit Angaben der Fachfirmen/des Erstellers*
- *Sonstige Nachweise (ULB, Typenstatik, Statik, Prüfstatik, Bewehrungsplan, Baustoffnachweise, Nachbarschaftserklärungen etc.)*

Das Flussdiagramm Bauordnungsrecht zeigt eine Übersicht über die baurechtlichen Zusammenhänge beim Bauen und Umbauen von Pferdeställen.

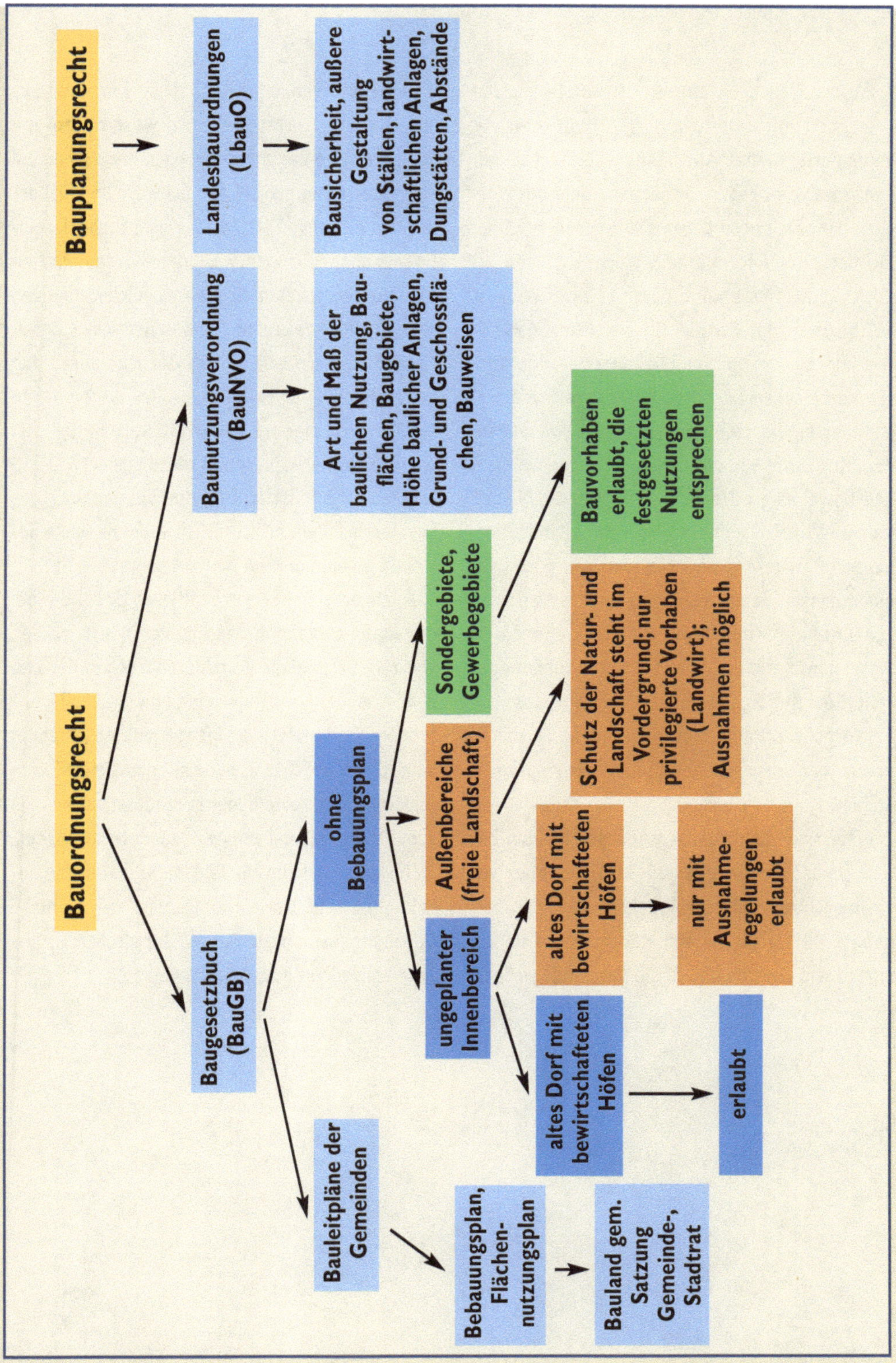
Bauordnungsrecht
Bauplanungsrecht
Landesbauordnungen (LbauO)
Bausicherheit, äußere Gestaltung von Ställen, landwirtschaftlichen Anlagen, Dungstätten, Abstände
Baunutzungsverordnung (BauNVO)
Art und Maß der baulichen Nutzung, Bauflächen, Baugebiete, Höhe baulicher Anlagen, Grund- und Geschossflächen, Bauweisen
Baugesetzbuch (BauGB)
ohne Bebauungsplan
Sondergebiete, Gewerbegebiete
Bauvorhaben erlaubt, die festgesetzten Nutzungen entsprechen
Außenbereiche (freie Landschaft)
Schutz der Natur- und Landschaft steht im Vordergrund; nur privilegierte Vorhaben (Landwirt); Ausnahmen möglich
ungeplanter Innenbereich
altes Dorf mit bewirtschafteten Höfen
nur mit Ausnahmeregelungen erlaubt
altes Dorf mit bewirtschafteten Höfen
erlaubt
Bauleitpläne der Gemeinden
Bebauungsplan, Flächennutzungsplan
Bauland gem. Satzung Gemeinde-, Stadtrat

Grundsätzlich ist eine konstruktive Zusammenarbeit mit den zuständigen Behörden vor einer gerichtlichen Auseinandersetzung immer den Vorrang zu geben. Bereits vor dem persönlichen Gespräch beim Bauamt sollte man sich über Möglichkeiten informieren, die eine Entscheidung positiv beeinflussen und beschleunigen können. Solche sind zum Beispiel Ausgleichsmaßnahmen wie Pflanzungen am Erschließungsweg, Pflanzungen von Hecken als Zusatz oder Ersatz von Einfriedungen, Sichtschutzpflanzungen vor Gebäuden, Konzepte für die Düngung (Magerwiesen) und Beweidung oder das Anbringen von Nistkästen für Vögel. Damit man nicht mit einem ablehnenden Bescheid überrascht wird, sollte man vor einem langen Baugenehmigungsprozess einen so genannten Vorbescheid der Baubehörde in Anspruch nehmen. Die Länderbauordnungen sehen einen solchen Vorbescheid vor, aus dem hervorgeht, ob eine Pferdehaltung im Allgemeinen an der vorgesehenen Stelle überhaupt möglich ist.

Neben den behördlichen Auflagen für den Bau und Umbau von Pferdeställen spielen aber vor allem nachbarschaftliche Aspekte eine nicht unerhebliche Rolle. So müssen Nachbarn vor Immissionen wie Geruch und Staub geschützt werden, die ein Pferdestall oder Reitbetrieb von Natur aus mit sich bringt. Dabei wird in wesentliche und unwesentliche Beeinträchtigungen unterschieden. Maßgebend sind hierbei die „Schwere und Dauer" der Einwirkungen. Ist eine wesentliche Beeinträchtigung vorhanden, was die Behörde entscheidet, müssen gegebenenfalls Ausgleichszahlungen erfolgen oder es ergeht der Bescheid eines Beseitigungs- und Unterlassungsanspruchs durch den Nachbarn. Daher sollte man bereits im Vorfeld einen im Sommer staubenden Reitplatz möglichst weit weg von der Nachbargrenze planen.

Unabdingbar ist jedoch die Zustimmung des Nachbarn, indem er schriftlich seine Bedenkenlosigkeit gegenüber dem Bauvorhaben bestätigt.

Auch der Umbau vorhandener Gebäude, bei denen die tragenden Bauteile verändert werden wie zum Beispiel ein Wanddurchbruch in der tragenden Außenwand, oder eine Nutzungsänderung (vorher Werkstatt, jetzt Pferdestall), ist genehmigungspflichtig. So kann der Kauf eines ehemaligen Bauernhofs mit einem leeren Rinderstall, den man zum Pferdestall umbauen will, zum Fiasko werden, wenn man sich im Vorfeld nicht beim Bauamt erkundigt und dann erfährt, dass der örtliche Bebauungsplan diesen Bereich inzwischen als reines Wohngebiet ausgewiesen hat.

Vorgehensweise bei Kauf oder Pacht eines landwirtschaftlichen Anwesens:

1. Vor dem Abschluss eines Kaufs beziehungsweise Mietvertrags kostenlose und unverbindliche Beratung beim Bauamt einholen

2. Ist die Beratung positiv, Antrag auf Bauvorentscheid stellen; dabei müssen je nach Gemeinde sehr unterschiedliche Unterlagen eingereicht werden (Beratungsgespräch)

3. Fachmann zu Rate ziehen (bauvorlageberechtigter Entwurfsverfasser: Architekt, Bauingenieur, Bautechniker)

4. Kauf oder Miete des Objekts

5. Bauantrag stellen (Um- und Ausbau Hochbau, Nutzungsänderung, befestigte und unbefestigte Flächen, Dungstätte, eventuell Zäune und mobile Elemente)

6. Baugenehmigung abwarten (Einzelentscheidungen Baubehörde, Amt für Landwirtschaft, Untere Landschaftsbehörde)

7. Bau oder Umbau Pferdestall, Außenflächen, Dungstätten, Einfriedung

Das Aufstellen „baulicher Anlagen“ (feste und mobile Unterstände) in „freien Außenbereichen“ unterliegt ebenfalls bestimmten Einschränkungen. Die meisten länderspezifischen Bauordnungen beschreiben bauliche Anlagen als mit dem Erdboden verbundene, aus Baustoffen und Bauteilen hergestellte Anlagen. Eine Verbindung mit dem Erdboden besteht auch dann, wenn die Anlage „durch eigene Schwere“ auf dem Erdboden lastet.

Für mobile Anlagen wie fahrbare Weidehütten oder Horse-Sheds zielt das Gesetz primär darauf ab, ob die Anlage überwiegend ortsfest genutzt wird, also als Ersatz für ein Gebäude dient. Das Merkmal der „Dauer“ ist auch erfüllt, wenn die Anlage regelmäßig auf- und abgebaut wird.

Weitere Einschränkungen sind im Straßenrecht festgelegt. Hiernach dürfen außerhalb von Ortschaften an Bundesautobahnen im Bereich bis 40 Meter und an Bundes- sowie Landstraßen bis 20 Meter keine Unterstände errichtet werden und bei Kreis- und Gemeindestraßen beträgt die Tabuzone bis 15 Meter. Hier sind jedoch Ausnahmegenehmigungen möglich.

Ein problemloses Aufstellen von festen und mobilen Weideunterständen ist wesentlich durch den § 35 des Baugesetzbuches geregelt. Er differenziert bei Bauvorhaben im Außenbereich zwischen privilegierten und nicht-privilegierten Vorhaben. Der Begriff der Landwirtschaft in Bezug auf bauliche Vorhaben mit Pferdehaltung ist gesetzlich definiert (§ 35 und 201 Baugesetzbuch). Danach sind „Wiesen- und Weidewirtschaft einschließlich Pensionspferdehaltung auf überwiegend eigener Futtergrundlage (Weideflächen, Ackerwirtschaft) privilegiert“. In der Regel kommt es zu keinen Aufstellungsproblemen von Unterständen, wenn sie im Rahmen eines landwirtschaftlichen Betriebes geführt und angezeigt werden.

Tabelle 8 „Genehmigungspflichtige Neu- und Umbauten“ gibt einen Überblick über die wesentlichen Genehmigungsverfahren im Bereich des Pferdestallbaus.

Bereich	Baumaßnahme	Eignung, Besonderheiten
Flächen	Reitplatz mit Sand, Pferdeauslauf (Paddock) mit Sand oder anderen Tretschichten	Ein aus Baustoffen angelegter Reitplatz – und dazu gehören auch Sand, Vlies und Schotter – ist eine bauliche Anlage und daher genehmigungspflichtig, besonders im sog. freien Außenbereich. In Wasserschutzzonen I und II sowie in Naturschutzgebieten ist eine Genehmigung kaum zu bekommen
	Befestigte Flächen und Plätze	Ableitung des Oberflächenwassers in das Entwässerungssystem ist genehmigungspflichtig; Jauche darf nicht in das Misch- oder Trennwassersystem eingeleitet werden. Hierfür müssen getrennte Sammler/Jauchegruben angelegt werden. Ggf. Ausgleich für versiegelte Flächen (Gebühren, Ausgleichspflanzungen) je nach Bundesland.
Einfriedungen	Weidezaun, Einfriedungen Reitplatz, Paddock	Bis zu 2 m Höhe in Deutschland baugenehmigungsfrei. Man muss jedoch die ortsüblichen Gegebenheiten berücksichtigen. Dies kann und sollte mit dem ortsansässigen Bauamt abgesprochen werden.
Umbau bestehende Gebäude	Wand- und Fensterdurchbrüche tragende Außenwände Änderung tragender Bauteile im Innern	Bauantrag notwendig; Fremdleistungen Statiker
	Nutzungsänderung	Bauantrag notwendig; Bebauungsplan beachten (reines Wohngebiet)
	Alte Dungstätte	Altanlage muss entsprechend der Bemessungsrundlagen (2,40-3,00 qm/Pferd) vergrößert werden; wasserdichte Bodenplatte aus Beton über dem gemauerten Boden einbringen; ggf. Überdachung
Neubau Gebäude, Unterstände etc.	Pferdestall, Reithalle neu	Bauantrag und Fremdleistungen notwendig (Statik, Entwässerungsplan etc)
	Neue Dungstätte	Bauantrag notwendig; Landesbauordnungen als Grundlage; Bemessung und Anforderung von Dungstätten in den „Merkblätter“ der Landratsämter (Anlegen neuer Dungstätte (Dunglege); Festmistzwischenlagerung: Vordrucke: „Anzeige auf eine Festmistlagerung“

Bereich	Baumaßnahme	Eignung, Besonderheiten
Neubau Gebäude, Unterstände etc.	Weideunterstände, fest	Unterscheidung im Außenbereich zwischen privilegierten und nicht privilegierten Vorhaben; Bauantrag notwendig bei nicht privilegierten Vorhaben (Hobbyhaltung)
	Weideunterstände mobil	Vorschriften der Landesbauordnungen beachten; ggf. Bauantrag notwendig (umbauter Raum, offene Seiten, Ersatz für ein Gebäude)
Ausgleichsmaßnahmen		Heckenpflanzung bei Einfriedungen, Erschließungswegen; Sichtschutzpflanzung am Gebäude als Eingliederung in das Landschaftsgefüge; Schutz von Uferbereichen und Feuchtzonen (Trittschäden); Beweidungskonzept für Artenvielfalt auf Grünlandflächen; Düngungskonzept; Anbringen von Nistkästen; Anlegen von Nistgehölzen; Anlage eines Feuchtbiotops
Denkmalschutzauflagen		Bauliche Anlagen in der Umgebung eines eingetragenen Kulturdenkmals dürfen nur mit Genehmigung der Denkmalschutzbehörde errichtet, verändert oder beseitigt werden. Die Genehmigung ist zu erteilen, wenn das Vorhaben das Erscheinungsbild des Denkmals nur unerheblich oder vorübergehend beeinträchtigen würde.

Jost Appel

PFERDERECHT

Wenn es ums Pferd geht, sind fast immer Emotionen und Geld im Spiel. Genug Potenzial, um Rechtsanwälten und Gerichten die Arbeit nicht ausgehen zu lassen. Doch mit eigenem pferderechtlichen Wissen lassen sich viele Probleme im Vorfeld lösen oder sogar vermeiden. Dieses Buch bietet einen leicht lesbaren und umfassenden Einstieg ins Pferdrecht, vom Pferdkauf über die Pensionspferdehaltung und Versicherungsfragen bis hin zu Pferdezucht und -sport. Zahlreiche Urteile aus der Praxis illustrieren dabei die gängige Rechtsprechung.

240 Seiten, farbig, gebunden | ISBN 978-3-8404-1061-1

Claudia Jung

WENN PFERDE ÄLTER WERDEN

„Man ist so jung, wie man sich fühlt" – dieser Spruch gilt nicht nur für Menschen, sondern ebenso auch für Pferde. Damit auch ältere Pferde so lange wie möglich fit und gesund bleiben, gibt die Autorin in diesem Buch eine Fülle wertvoller Ratschläge, die von der bedarfsgerechten Fütterung über Wohlfühlmassagen bis hin zur dem Alter angepassten Bewegung an der Hand und unter dem Sattel reichen.

128 Seiten, farbig, broschiert

ISBN 978-3-86127-452-0

Marina Lochstampfer/Uwe Lochstampfer

GIFTPFLANZEN

Vergiftungen auf der Pferdeweide oder beim Ausritt müssen nicht sein! Dieses Buch stellt die wichtigsten heimischen Giftpflanzen vor, die jeder Reiter kennen sollte. Zudem enthält es Hinweise zur Verhinderung von Vergiftungen, zur wirksamen Bekämpfung von Giftpflanzen und Erste-Hilfe-Tipps für den Vergiftungsfall.

128 Seiten, farbig, broschiert

ISBN 78-3-8404-1032-1

Birgit van Damsen

DER WEIDERATGEBER

Eine gute Pferdeweide ist mehr als ein irgendwie eingezäuntes Stück Grünland! Bei richtigem Weidemanagement, wie es in diesem Buch beschrieben wird, bietet die Weide den Pferden Nahrung, Auslauf und die Möglichkeit zu Sozialkontakten und ist damit der wichtigste Faktor einer artgerechten Haltungsform.

80 Seiten, farbig, broschiert

ISBN 978-3-86127-533-6

Angelika Schmelzer

SACHKUNDENACHWEIS PFERDEHALTUNG

Der „Führerschein" für gewerbliche Pferdehalter gehört zu den wichtigsten Neuerungen des Tierschutzgesetzes und ist inzwischen Bestandteil der Ausbildungsordnungen aller führenden Reitsportvereinigungen. Der Sachkundenachweis Pferdehaltung soll in Zukunft sicherstellen, dass alle Pferde und Ponys fachgerecht gehalten und betreut werden.

80 Seiten, farbig, broschiert

ISBN 978-3-8404-1516-6

CADMOS Verlag www.cadmos.de

Cadmos Verlag GmbH | Röntgenstr. 24 | D-21493 Schwarzenbek | Tel. +49 (0)4151-87 90 7-0 | Fax +49 (0)4151-87 90 7-12

FSC
www.fsc.org
MIX
Papier | Fördert gute Waldnutzung
FSC® C083411

Kolibri 360 GmbH
Ferdinand-Jühlke-Straße 7
99095 Erfurt, Deutschland
produktsicherheit@kolibri360.de